FLIGHTS OF FANCY
Defying gravity by design and evolution

翼想天開

抵抗重力的飛行設計
與大自然演化

理查·道金斯————著
Richard Dawkins

賈娜·倫佐娃 **Jana Lenzová**————繪

彭臨桂————譯

獻給伊隆（Elon）

讓想像高飛的人

目　次

Chapter *1*

飛行之夢

Dreams of Flying

達文西的「撲翼機」
只會在想像中發生的場景。多麼豐富的想像力啊！

Chapter 1

飛行之夢

　　你是否偶爾會夢見自己像鳥一樣飛行？我會，而且我很喜歡。輕鬆自如地於樹梢上空滑翔，時而高飛時而俯衝，在三度空間裡遊玩與閃躲。電玩遊戲和虛擬頭戴式裝置可以帶我們的想像馳騁，飛過虛構與魔幻的空間。然而，這並不是真實的。難怪過去一些最有才智的人物都渴望能夠像鳥一樣飛行，還設計出相關的機器，尤其是李奧納多・達文西（Leonardo da Vinci）。之後我們還會提到那些古老的設計。雖然它們並未成功，大部分也不可能成功，但並不會扼殺了這個夢想。

　　正如你所預期的，這是一本關於飛行的書，內容是人類過去數個世紀以及動物數百萬年來所發現的各種對抗地心引力（又稱地球引力、地球重力）的方式。不過，當中也包含了誇張的想法與概念。這類偏離飛行的

內容將以不同的字體顯示，通常會以**黑體**的「順帶一提……」作為開頭。

　　先從最天馬行空的幻想開始吧。2011年，美聯社（Associated Press）有一項民調顯示，77%的美國人相信天使存在。穆斯林必須相信天使。羅馬天主教徒歷來就認為每個人都有一位守護天使。這代表有很多翅膀在我們周圍無聲無形地拍動著。根據《一千零一夜》（*The Arabian Nights*）的傳奇故事，只要坐上魔毯，你就能立刻飛到任何目的地。神話裡的所羅門王，有一張足以承載四萬人的閃亮絲綢飛毯。他在上頭能夠控制風將自己吹往想去的地方。希臘傳說中的佩加索斯（Pegasus），是一隻有翅膀的白色駿馬，載著英雄柏勒洛豐（Bellerophon），完成了殺死怪物奇美拉（Chimera）的任務。穆斯林相信先知穆罕默德和一匹飛馬踏上了「夜之旅」。他騎著布拉克（Buraq），從麥加飛馳到耶路撒冷；布拉克是一種有翅膀的馬形生物，通常被描述為長著人臉，就像希臘傳說中的半人馬。「夜之旅」是大家都曾夢過的經歷，而我們在夢中的某些旅程（包括飛行）大多會跟穆罕默德的夢一樣奇特。

　　希臘神話中著名的伊卡洛斯（Icarus），將一對用羽毛和蠟製成的翅膀裝在手臂上。後來，驕傲的伊卡洛斯飛得過於接近太陽。陽光融化了蠟，導致他墜落身亡。

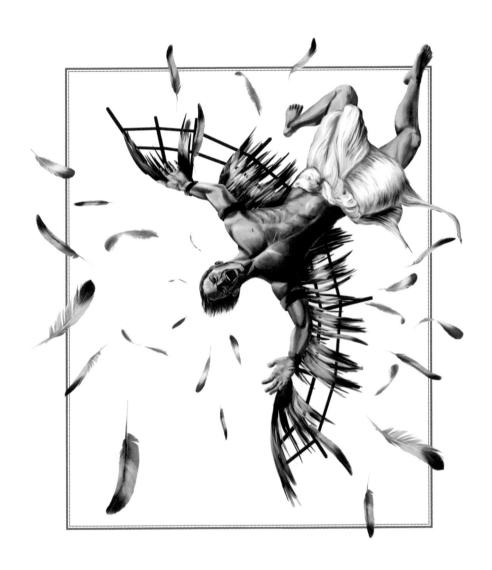

「**驕兵必敗**」
伊卡洛斯飛得過於接近太陽而摔死。

柯南・道爾相信仙子存在

夏洛克・福爾摩斯和查林傑教授才不會跟他們的創作者一樣受騙上當。不過，柯南・道爾仍然是一位出色的作家！

這是一個很好的警惕，提醒我們不要得意忘形，當然，如果是在現實中，他飛得愈高，氣溫就會愈低，而不是變得更熱。

女巫能騎著掃帚從空中呼嘯飛過，而哈利波特最近也加入了她們的行列。聖誕老人和他的馴鹿在十二月下雪的高空中，迅速地往返於煙囪之間。冥想的大師和苦行者假裝自己能在打坐時懸空。飄浮是一種非常流行的迷思，跟它有關的漫畫笑話幾乎都要跟荒島笑話一樣多了。當然，我最愛的一幅諷刺漫畫出自《紐約客》（*New Yorker*）。有個男人在街頭看見設置於牆壁高處的一扇門。門上的牌子寫著：「國家飄浮協會」（National Levitation Society）。

亞瑟・柯南・道爾爵士（Sir Arthur Conan Doyle）創造了重視科學細節而理性的夏洛克・福爾摩斯（Sherlock Holmes），算是虛構偵探的第一人。他的另一位角色則是令人生畏的查林傑（Challenger）教授，為一位極度理性的科學家。道爾顯然很欽佩他們，但他自己卻犯下了會被這兩位英雄鄙視的錯：受到一場幼稚的惡作劇愚弄。這裡是指字面上的幼稚，因為有兩個愛開玩笑的孩子對照片動手腳，用長著翅膀的「仙子」騙過了他。一對親戚艾爾西・萊特（Elsie Wright）和法蘭西絲・格里菲斯（Frances Griffiths），從某本書中剪下了

仙子的圖片，然後黏到硬紙板上，掛在花園裡，再互相拍下彼此和仙子相處的樣子。在這場「科廷利仙子」（Cottingley Fairies）騙局裡上當的許多人當中，道爾是最出名的一位。他甚至還寫了《仙子的到來》（*The Coming of the Fairies*）這本書，藉此推動自己強烈的信念：真的有那些長著翅膀的小人在花朵之間飛掠來回。

暴躁的查林傑教授可能會吼著問：「仙子是從哪個祖宗演化來的？也是像一般人類這樣從猿類演變而成的嗎？那些翅膀的演化起源是什麼？」道爾本人是略懂解剖學的醫師，應該會好奇仙子的翅膀到底是從肩胛骨、肋骨或某種全新部位演化而來的突出物。

對今天的我們來說，那些照片看起來很明顯就是偽造的。不過，我在這裡要為亞瑟爵士說句公道話：當時是在修圖軟體出現的很久很久以前，人們也普遍相信「相機不會說謊」。處於網際網路世代的我們，都知道要偽造照片太容易了。雖然那對「科廷利」親戚承認了自己的惡作劇，不過當時她們都已經超過七十歲，而柯南·道爾也早就過世了。

夢想仍在繼續，它每一天都帶著我們的想像力飛馳於網際網路。我在英國打字輸入的這些內容會「飛上」雲

端，隨時都能「下降」到美國的電腦裡。我可以登入帳號，看見一個旋轉的世界，以虛擬的方式從牛津「飛」到澳洲，在途中往「下」還能看見阿爾卑斯山脈和喜馬拉雅山脈。我不知道科學小說裡的反重力機器到底會不會實現。我對此持懷疑態度，也認為可能性不大。

　　這本書會在不偏離科學事實的前提下，列出馴服地心引力的方式，但這並不是真正的逃離。人類的技術和其他動物的生態習性，會如何解決離開地面的問題：要怎麼暫時或部分逃離蠻橫的重力？不過，我們得先明白動物離開地面為什麼是件好事。在大自然的世界裡，飛行有什麼好處？

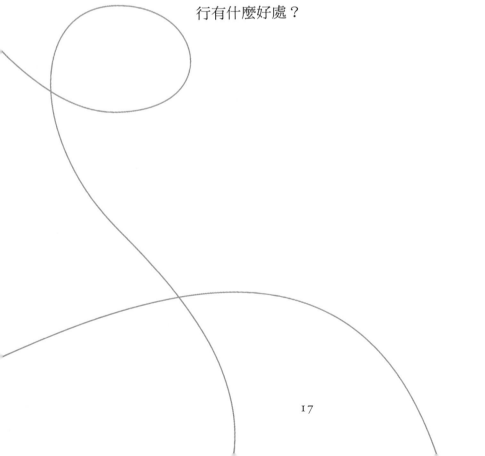

Chapter 2

飛行有什麼好處？

What Is Flight Good for?

Chapter 2

飛行有什麼好處？

　　能夠回答這個問題的方式實在太多了，說不定你還會納悶有什麼好問的。我們先別幻想自己無憂無慮地飄浮在神話般的雲朵之間，而是要——恕我直言——「腳踏實地」。我們必須給出明確的答案。從生命有機體的角度來看，這是指達爾文式的答案。所有生物都是經由演化改變而來。對於生物來說，「有什麼好處」這個問題的解答，永遠都是達爾文式的物競天擇，或稱為「適者生存」。

　　那麼，就達爾文的觀點而言，翅膀有什麼「好處」？對動物的生存有好處嗎？當然有，我們很快就會提到許多實際應用的獨特方式，例如，從天空尋找食物。然而，生存只是故事的一部分。在達爾文式的世界中，生存只是為了繁殖的一種手段。雄蛾通常會拍動翅

「我聞到三英里外有一隻雌蛾」
這隻蛾身上宛如美麗羽毛的觸角，能夠在微風中感
覺到遠距離外的雌蛾。雄蛾會一邊轉向，一邊將空
氣搧向觸角，以便全方位掃描。

膀，在微風中飛向雌蛾，讓對方的氣味引導自己；就算
這氣味被稀釋至千萬億分之一，有些雄蛾還是能夠察覺
到。牠們會運用又大又敏感的觸角。雖然這對雄蛾的生

存沒有幫助，不過正如我所說的，生存只是為了繁殖的一種手段。

我們可以把這句陳述說得更精確一點，此時，就要再次回到生存的概念。但這不是指個體，而是基因的生存。個體會死去，但基因能夠透過複製而存活。藉由繁殖實現的生存，就是基因的生存。在忠實複製的情況下，「好」的基因就能延續許多世代，甚至數百萬年。不好的基因則無法生存，而這對基因來說是件「不好」的事。至於怎樣的基因才算是「好」？也就是擅長打造適於生存的身體來繁殖與傳遞相同的基因。讓蛾類擁有大型觸角的基因能夠存活，是因為這些基因讓雄蛾偵測到雌蛾的氣味，並透過交配，傳進了雌蛾所產下的卵。

同理，翅膀對於專門形成翅膀之基因的長期生存也有好處。那種能夠製造出好翅膀的基因，會幫助持有者將相同的基因傳遞給下一代，接著再傳給下一代。如此持續無數個世代後，我們所看到的就是非常善於飛行的動物了。最近（以演化的標準來看算是最近）人類工程師才發現該如何飛行，也就是使用類似動物的方式；這並不令人意外，畢竟物理就是物理，所以不斷演化的鳥類和蝙蝠，跟現今的航空器設計師都得克服同樣的物理法則。當中的差異在於飛機是人為設計，鳥類、蝙蝠、蛾類、翼龍則完全未經設計，是其祖先在天擇之下形塑

而成的。牠們擅長飛行，是因為在過去的世代中，其他競爭者飛得沒那麼好而無法成為祖先，也就不能傳遞飛得較差的基因了。雖然我在其他書中解釋得更詳細，不過這些說明已經足夠清楚，接下來，我們就要進一步探討飛行的好處。這一點因物種而異。現在就開始吧。

　　某些需要費力飛行的鳥類（例如孔雀），為了逃離掠食者，會讓自己笨重的身軀在半空中移動一小段距離，然後在安全的距離外落地。海中的飛魚也會這麼做。這類飛行可以視為一種輔助跳躍。許多飛得不像孔雀那麼差的鳥類，則會利用飛行來躲避只能留在地面上的掠食者。當然，有些掠食者不會被困於地面，因為牠們也能飛。一場空中競賽便隨著演化時間發展開來。獵物為了避免被捕食而飛得更快，掠食者也會因此變得再飛得快一些。獵物演化出扭轉身體的迴避方式，於是掠食者也跟著演化出對應的動作。夜蛾及蝙蝠之間的軍備競賽，就是一個絕佳範例。

　　蝙蝠會運用一種人類難以想像的感官，在黑暗之中尋找方向並鎖定獵物。牠們的腦部能夠分析自己所發出的超音波脈衝（頻率高到人類聽不見）。蝙蝠來到蛾類的附近時，會把原本緩慢的脈衝音波加快，直到最後進入攻擊階段，就會變成一陣高速連續的顫音。如果把每一道脈衝音波想成是在對周圍的世界取樣，你就能輕易

看出為何提高取樣頻率會改善定位目標的準確性。數百萬年的演化，讓蝙蝠的回聲技術臻於完美，其中也包括了負責處理訊息的腦部複雜軟體。同時，處於軍備競賽另一方的蛾類，也演化出一些聰明的應對方式。牠們發展出耳朵，而且正好能聽見蝙蝠超高音的尖叫聲。牠們也演化出無意識的自動躲避策略，只要聽到蝙蝠就會開始發揮作用：猛撲、俯衝、迴避。而蝙蝠也因此演化出更快的反應能力，以及更敏捷的飛行技巧。

　　這場軍備競賽的高潮，就像是第二次世界大戰期間英軍噴火戰鬥機（Spitfire）和德軍梅塞施密特戰鬥機（Messerschmitt）之間的傳奇空戰。由於人類的耳朵不像蛾類那樣，可以聽見蝙蝠如機關槍般的脈衝聲波，所以在夜晚上演的這種場面，對我們而言就彷彿一片靜默。蛾類的耳朵幾乎不會聽見其他聲音，蝙蝠大概就是蛾類擁有耳朵的主因。

　　→ 順帶一提，蛾類會擁有毛茸茸的外觀，可能也是為了防止蝙蝠攻擊。當聲學工程師想要減少房間裡的回聲時，會在牆面鋪上具有吸音特性的材料，這就很類似蛾類身上的絨毛。不過，某些蛾類甚至還有其他更巧妙的招式。牠們的翅膀上覆滿了微小的叉狀鱗片，能夠跟

蝙蝠的超音波產生共振，就像隱形轟炸機那樣「從雷達上消失」。有些蛾類也會發出超音波，藉此「干擾」蝙蝠的雷達（嚴格來說是聲納）。而且還有少數種類的蛾會利用超音波來求偶。

在地面覓食的鳥類，會於食物耗盡時，藉由飛行迅速移動到另一個覓食區。禿鷹與猛禽會利用翅膀取得制高點，在大片區域上空搜尋食物。禿鷹會飛得非常高。牠們尋找的是已經死亡的獵物，不必趕著去捕捉，所以才能飛得很高，在廣大的區域裡掃視各種跡象，例如被獅子殺死的獵物。其中一種經常出現的跡象，是其他禿鷹也在場。牠們發現屍體後，就會滑翔下降。鵟和鷹之類的猛禽，則是捕食活獵物，所以會在較低的高度尋找並俯衝，速度往往也很快。許多捕魚的鳥，例如燕鷗（tern）與塘鵝（gannet），也會做類似的事，運用一種稱為「俯衝入水」的技巧。

塘鵝會在開闊海洋的廣大水域上尋找魚群的蹤跡，可能是海面的顏色變黑了，或者已經有其他鳥類在那裡。一大群塘鵝（或是種類相近的鰹鳥）從高處俯衝突襲，以每小時六十英里（約九十七公里）的速度轟炸魚群，這可是人類生命中難得一見的場景。牠們無情的閃

電戰攻擊，令人想起了第二次世界大戰的場景，像是會
發出如「耶利哥號角」（Jericho Trumpets）般尖嘯聲的
斯圖卡（Stuka）俯衝轟炸機，或是日本人的神風特攻
隊。只不過，塘鵝和鰹鳥並非衝向死亡。雖然這種情況
不常見，但判斷錯誤的俯衝可能會害牠們折斷脖子。牠
們一輩子都過著俯衝入水的生活，長期下來眼睛就會累
積傷害，而視力欠佳到最後可能會導致鰹鳥的壽命終
結。你可以說俯衝縮短了牠們的生命。然而，不俯衝的
話，牠們就會活得更短，因為這樣可能會餓死。塘鵝是
極為專業的跳水高手，如果失去這項技能，牠們就無法
跟海鷗這類於海面覓食的鳥類競爭了。

→ 順帶一提，此處要提出演化論裡很有趣的一
點，這在本書也會經常出現：妥協。根據達爾
文的天擇說，如果某種動物能在年輕時成功繁
殖，那麼牠在年老時的壽命就會縮短。正如我
們先前討論過，就達爾文的觀點而言，「成功」
的確切定義，就是在死前留下許多自身基因的
複製品。讓一隻塘鵝在年輕時捕魚更有效率的

◀ 鳥類世界的斯圖卡俯衝轟炸機
塘鵝和鰹鳥是空中的捕魚大師。雖然圖中只有一隻塘鵝，不
過，一大群鳥同時俯衝轟炸的景象，絕對令人永生難忘。

那種基因，可以成功傳遞給下一代，卻也會導致牠在年老時加速死亡。雖然我們並不會俯衝入水捕魚，但這種推論可以幫助我們了解自己變老的原因。我們繼承的基因來自久遠以前的祖先，他們能在年輕時適應生存。但他們不必在年老時適應生存，因為那時他們幾乎都已經完成繁殖的任務了。

雖然塘鵝的速度很快，但俯衝轟炸的冠軍是隼（falcon），牠們會於飛翔時獵捕其他鳥類。遊隼在捕捉獵物時的猛撲或俯衝，速度可以達到驚人的每小時兩百英里（約三百二十公里）。以時速兩百英里在空中俯衝所需的體型，跟那種在平飛時尋找獵物的體型，一定完全不同。果然，俯衝的遊隼會將翅膀收折起來，就像具有可變後掠翼的噴射戰鬥機。這麼快的速度會帶來問題與危險。要在這種時候呼吸，牠們就得具備特別構造的鼻孔（高速飛機的噴射引擎有一部分也是據此設計的）。在如此危險的速度下受到衝擊，可能真的會危及生命。牠們就跟塘鵝一樣，儘管得到了繁殖成功的短期好處，另一方面卻也縮短了壽命。

飛行還有什麼其他的好處？峭壁是築巢與棲息的完美地點，不會受到狐狸等地面掠食者的侵害。三趾鷗

演化軍備競賽的高潮
遊隼能夠以每小時兩百英里的速度,朝飛行的獵物(軍
備競賽的另一方)俯衝。

（kittiwake）擅長將巢築在危險的峭壁上，讓掠食者或甚至是其他飛鳥都難以突襲。許多鳥類會在樹上築巢以策安全。翅膀能讓牠們迅速飛上樹，並且帶回草葉和其他築巢材料，以及之後要給幼鳥吃的食物。很多樹上都有果實，像是巨嘴鳥（toucan）、鸚鵡等眾多鳥類，以及體型較大的蝙蝠等物種，都以此為食。

當然，猴子和猿類也可以爬上樹摘取果實，但就算是最敏捷的猴子或猿類，也比不上鳥類在枝葉間穿行的速度。長臂猿（gibbon）是最靈活的攀樹動物，而且精通一種稱為「擺盪」（brachiation）的技巧，非常類似飛行。Brachiation（擺盪）源自拉丁文的brachium一詞，意思是「手臂」。所謂的擺盪，是以極長的手臂在樹木之間搖擺移動，看起來就像用雙腳顛倒著在半空中奔跑。當長臂猿全速飛奔（我是指幾乎就像在飛行），牠們會以驚人的速度在樹冠衝刺，把自己從一根樹枝甩向好幾公尺外的另一根樹枝。嚴格來說，這並不算是飛行，但效果幾乎相同。人類的祖先在歷史上或許曾經有過這種擺盪移動的時期，不過我敢說絕對贏不了長臂猿。

花會製造花蜜，而這是蜂鳥（hummingbird）、太陽鳥（sunbird）、蝴蝶和蜜蜂主要的航空燃料。蜜蜂會餵幼蟲吃花粉，這也是從花朵收集而來。

昆蟲綱中的整個蜜蜂科，都仰賴開花植物維生，所

一輩子都在飛

雨燕將飛行的生活發揮到極致。牠們甚至能在不落地的情況下交配。在陸地上行走對牠們來說，是不是就像我們在潛泳時感覺那樣奇特呢？

以大約從一億三千萬年前的白堊紀，就開始一起演化（共同演化）。要在花朵之間迅速移動，還有什麼方式會比用翅膀飛行更快呢？

　　大部分的昆蟲都會飛，而燕子（swallow）、雨燕（swift）、鶲（flycatcher）和體型較小的蝙蝠等物種，

在這方面都很純熟。蜻蜓也會利用大大的眼睛來發現昆蟲，靈活地捕捉到獵物。

雨燕是吃蟲高手，而且完全在飛行中捕食。牠們在空中生活的時間極長，幾乎從不落地。牠們甚至能做到在空中交配這種困難的事。正如海龜離開陸地到水中生活，雨燕的祖先也離開了陸地到空中生活。這兩種生物只會返回陸地產卵。除此之外，雨燕還會在陸地上孵蛋及餵養幼鳥。這不禁讓人覺得，要是可以在翅膀上產卵，雨燕一定會這麼做，就像鯨魚做得比海龜更徹底，無論如何再也不回到陸地上了。

雨燕飛得極快，而這也提醒了我們，移動速度就是飛行的重要優勢。一個世紀之前，巨大的遠洋班輪要花好幾天才能橫跨大西洋，現在，我們只要幾個鐘頭就能飛越它了。主要差異是水的摩擦力比空氣大很多。就連空氣的摩擦力也會因高度而變化。飛機飛得愈高，稀薄空氣的阻力就愈小，因此，現代客機才會盡量飛高。

為什麼不飛得更高呢？首先，引擎燃燒油料所需的氧氣會不足。那些被設計為在地球大氣層外運作的火箭

發動機，都會自行攜帶氧氣。有些因素則會影響在高高度飛行的飛機之設計。我們在第八章會討論到，飛機需要空氣以獲得升力，而空氣在非常高的高度會很稀薄，所以飛機必須飛得更快才有升力。設計於低高度飛行的飛機，在高高度的表現就不太好，反之亦然。

　　火箭不需要空氣來取得升力，而且也不需要機翼。引擎會將它們直接推離地心引力。此外，火箭達到軌道速度後，就可以關閉動力，在無重力的狀態下飄浮，並保持極快的速度。

　　小時候，我經常擔心火箭發動機在外太空會因為後方沒有可以「推動」的空氣而無法運作。我錯了，這跟「推動」完全沒關係。首先，舉幾個實際的相似例子；大炮發射時，會產生強烈的後座力。炮彈飛離炮筒時，輪子上的大炮就會晃動後退。沒人會覺得後座力是因為炮彈「推」了大炮前方的空氣所造成。以下才是真正的情況：炮彈的彈藥筒內部爆炸，氣體猛烈地推向四面八方，側向力互相抵銷，前向力將炮彈推出炮筒，所遇到的阻力很小，後向力則推向大炮，使得它晃動後退。

　　這種後座力，能讓乘坐平底雪橇的你在冰上推動自己，你只要拿一把步槍往反方向發射就可以了。如果你對物理學有興趣，就會知道這是牛頓的第三運動定律：「作用力等於反作用力」。雪橇會移動並不是因為子彈

推動空氣。你在真空中甚至可以移動得更快。真空中的火箭發動機也是同樣的道理。

由於地球的自轉軸傾斜，表示這顆行星在繞著太陽轉動時，會產生季節變化。也就是說，覓食或繁殖的最佳場所，每個月都會不一樣。對許多動物來說，尋找較佳天氣的益處，大於遠距離移動的代價，而這是整體考量的結果。當然，「較佳」不一定是指人類認為的好天氣，例如適合過暑假的地方。鯨魚會從溫暖的繁殖地，遷徙到溫度較低的水域，那裡的洋流會把豐富的營養物帶上來，補充牠們所仰賴的食物鏈；翅膀能讓鳥類移動非常遠的距離，許多種類的鳥都會遷徙，其中移動距離最遠的紀錄保持者是北極燕鷗（Arctic tern），牠們每年都會從北極的繁殖區一路飛到南極，路程長達一萬兩千英里（約一萬九千公里），然後再返回原地。北極燕鷗僅需兩個月就能完成這趟旅程。要在這麼短的時間內移動如此長遠的距離，就只能透過飛行了。北極燕鷗每年經歷兩個夏季而無冬季，這個極端的例子提供了線索，讓我們了解為何有這麼多動物都會遷徙。

許多會遷徙的動物（不只鳥類），都展現了準確導航能力及強大的耐力。歐洲家燕會在非洲過冬，隔年夏天再回到同一個地點，也就是自己的巢，這真是驚人的精確導航能力。鳥類怎麼做到這種事，長久以來始終

遷徙距離的世界紀錄保持者
北極燕鷗會在地球兩極之間遷徙，
永遠見不到冬季，只有相距一萬兩
千英里遠的極地夏季。

是個謎。我們正在解答這個問題。為了掌握鳥類的遷
移，鳥類學家會替鳥戴上小型腳環（美國人所謂的「套
環」）標記個體，而現今則是使用小型的GPS發送器。
他們甚至會運用雷達追蹤大批鳥類遷徙時的路線。我們
已經開始了解鳥類會運用數種導航技巧，而且不同物種
在遷徙的不同階段中，會偏好採取不同的方法組合。

「我只需要一艘高桅帆船，以及一顆能夠指引的星。」
只要從距離北斗七星之斗柄最遠的兩顆星（指極星），
往上畫出一條想像的直線，延伸出去碰到的第一顆明亮
的星星，就是北極星。

　　參考熟悉的地標，是其中一種方式，尤其是在候鳥歸巢的最後階段。不過，在漫長旅程的途中，鳥類也會沿著河流、海岸線或山脈飛行。許多種類的幼鳥在第一次遷徙時，都必須由年紀較大、有經歷，又了解地形的成鳥陪同。除了地標，鳥類通常也會借助體內的羅盤。現在，我們已經確定有些物種能夠感應到地球的磁場。雖然我們不太清楚牠們是如何看見或感受到方向，但證據顯示牠們確實可以。這裡說的「看見」或許確有其事，因為有一項主流理論認為，相關機制就在牠們的眼睛裡。

　　我們早就知道候鳥（還有其他昆蟲與動物）也會利用太陽指引方向。當然，太陽的位置會改變，上午是在東方，傍晚在是西方，正午則是在南方（如果你在南半球就是北方）。這表示，候鳥也要知道一天的時間才能利用太陽定位。而所有的動物確實都具備了生理時鐘。的確，每個細胞都有自己的時鐘。生理時鐘會讓我們在白天或晚上的固定時間做特定的事，或是感到飢餓或睏倦。有研究者做過實驗，讓人們待在跟外界完全隔絕的地下碉堡。他們仍然會以二十四小時的節奏正常活動，包括睡覺、起床、開關燈、吃飯等。正如你所預期，這段時間並不是剛剛好二十四小時，例如可能會多十分鐘，所以會逐漸跟外在世界脫節。因此，這才會被稱為

「晝夜」（circadian）週期（circa在拉丁文中是指「大約」），而不是「白晝」（dian）週期（dies在拉丁文中是指day）。正常情況下，生理時鐘會在見到真正的太陽時重設。候鳥就跟所有的動物一樣，體內都具備了一種時鐘，在利用太陽指引方向時就能夠派上用場。

　　某些候鳥是在夜晚飛行，就無法利用太陽了。不過牠們可以利用星星。大多數人都知道，北極星這顆特別的星星，幾乎就位於北極正上方，就算地球會轉動也一樣。所以在北半球時，可以把北極星當成可靠的指引。可是星星那麼多，你要怎麼知道哪一顆是北極星？我和我妹還小的時候，父親教了許多有用的方法。其中之一是藉由很容易認出的北斗七星（大熊星座的一部分）來找出北極星。只要在距離斗柄最遠的那兩顆星（指極星），往上畫出一條想像的直線，延伸出去碰到的第一顆明亮的星星就是了。這就是北極星，而你在晚上可以藉由它指引方向。不過，這是指你在北半球的時候。如果是在南半球，像玻里尼西亞人那樣必須在偏遠的太平洋島嶼之間導航，情況就有點複雜了，因為南極上方沒有便於利用的明亮星星。南十字星座的距離太遠了。我們之後會再討論這個問題。

　　就算在北半球可以輕易看得見北極星，夜間飛行的鳥類要怎麼知道哪顆星能用來導航？理論上，牠們可以

經由遺傳在基因裡繼承星圖，不過，這個說法似乎有些牽強。還有另一種解釋似乎比較合理，而我們也能確定北美的靛藍彩鵐（indigo bunting）確實運用了這個方式，因為康乃爾大學（Cornell University）的史蒂芬‧艾姆林（Stephen Emlen）曾經在一座天文館裡做了一連串出色的實驗。

→ 順帶一提，靛藍彩鵐身上有漂亮的青藍色，理所當然地被稱為「青鳥」（bluebird）。在英國見不到牠們，儘管澳洲作曲家帕西‧格蘭傑（Percy Grainger）在那首歡快的〈英國鄉間花園〉（English Country Garden），不知為何提到了青鳥。（另外，澳洲確實有一些非常漂亮的青鳥。）還有一首戰時的愛國歌曲唱道：「多佛爾的白色峭壁將會有青鳥飛過」（There'll be blue birds over the white cliffs of Dover）。

如果這是一種詩意的指涉，代表英國皇家空軍（又稱「少數人」〔the Few〕）的藍色制服，那麼意境還真是高明，但說不定只是美國詩人並不知道在英國沒有青鳥，或者這正是「詩的破格」（poetic licence）——這樣的話就沒有問題了！

跟北極星一樣不變？
靛藍彩鵐在艾姆林漏斗留下的足跡，代表了牠「想」
遷徙的方向（此圖未按比例繪製）。

　　靛藍彩鵐是長途移動的候鳥，並且在夜間飛行。那
些被關起來的彩鵐，在遷徙期間都會在籠子裡拍動翅
膀，並往遷徙的方向飛。艾姆林博士設計了一種方法，
利用特別的環形鳥籠來記錄這種現象。籠子的下半部是
類似漏斗的圓錐形，鋪上了一層白紙，而在鳥經常踩踏
的底部則擺了一座印臺。當鳥振翅飛上圓錐，沾了墨汁
的腳就會在紙張留下足跡，顯示出牠們想去的方向。後

來，其他研究鳥類遷徙的人也開始運用這種裝置，並稱其為「艾姆林漏斗」（Emlen Funnel）。彩鵐在秋天偏好的方向，大致是南方，符合牠們會到墨西哥與加勒比地區過冬的習性。在春天，牠們則比較會飛向艾姆林漏斗的北側，符合牠們返回加拿大和北美的習性。

　　艾姆林很幸運，能夠借到天文館並擺進他的漏斗狀鳥籠。他做了一連串有趣的實驗，包括操控人造的星圖、刻意遮蔽人造天空的某些部分等。如此一來，他就能夠證明靛藍彩鵐確實會利用星星指引方向，尤其是北極星附近的星星，包括北斗七星、仙王座和仙后座（記住，牠們是北半球的鳥）。在艾姆林的天文館實驗中，最有趣的或許是他提出了這個問題：「鳥類怎麼知道要用哪些星星來導航？」他並不認為答案是透過基因遺傳的星圖，而是假設幼鳥遷徙之前會在晚上花時間觀察旋轉的天空，明白了有一片區域的星星因為接近旋轉中心而幾乎不會轉動。即使北極星不存在，這個方法也管用，也就是：有一小片天空不會旋轉，而那裡就是北方。或者如果你是南半球的鳥，那就會是南方。

　　艾姆林藉由一種極為巧妙的實驗測試了這個概念。他親自餵養幼鳥，並讓牠們在成長過程中只看得見天文館內的星星。有些鳥所見到的天文館夜空會繞著北極星旋轉。到了秋天，在漏斗狀鳥籠裡測試時，牠們會偏好

正常的遷徙方向。但另一群幼鳥則是在不同的情境下飼養。牠們在成長期間也只能看見天文館的星星。不過，艾姆林針對這一組，刻意操縱天文館的裝置，不讓夜空環繞北極星，而是繞著另一顆明亮的參宿四旋轉（你在北半球看到的它，會是獵戶座的左肩，在南半球則是右腳）。最後，那些鳥在漏斗狀鳥籠接受測試時表現如何？令人興奮的是，牠們把參宿四當成了正北，並利用它往錯誤的方向導航。

不過，現在我們必須先分清楚「地圖」和「羅盤」的區別。假設你想往西南飛，那就只需要一個羅盤。可是對信鴿而言，光靠羅盤並不夠。信鴿也需要「地圖」。牠們會被隔絕在籠子裡，任意帶到遙遠的地方，然後釋放出來。牠們可以迅速飛回家，所以一定用了某種方式來辨別自己被釋放的位置。除此之外，針對信鴿所做的實驗，不只發現這種鳥能夠安全回家。在許多案例中，研究人員釋放信鴿後，都會以望遠鏡觀察並記錄牠們最後消失的羅盤方向。即使距離太遠而無法利用熟悉的地標，信鴿也幾乎都能往家的方向飛去。

在無線電發明之前，軍隊會使用信鴿將訊息帶回總部。第一次世界大戰期間，英軍改造了一輛倫敦的公車作為戰場上的鴿舍。第二次世界大戰中，德國人會派出經過特殊訓練的鷹，來攔截英國人的傳信鴿。這引發了

「我知道自己身在何處，也知道自己要前往何方。」
信鴿除了羅盤之外，也需要地圖。

一場鳥類學方面的軍備競賽，而英國特務則獲得授權可射殺那些鷹。

　　所以，羅盤再怎麼準確，對信鴿來說還是不夠。信鴿在開始運用體內的羅盤之前，必須先知道自己身在何處。這種情況不僅限於信鴿，任何長距離遷徙的候鳥都可能需要地圖，因為牠們或許會被風吹離航線。有些實

驗也確實以人工方式將候鳥「吹」離了航線，像是在途中捕捉牠們，然後帶到別的地方釋放，例如往東移動一百英里（約一百六十公里）再釋放牠們。要是那些鳥繼續往相同的羅盤方向飛，抵達的位置就會往東偏離一百英里，然而，牠們最後還是回到正確的目的地。早在人類發明鴿籠、汽車或火車來運送信鴿之前，牠們就因為會被吹離航線而演化出「歸巢」的能力。

研究者在鳥類的「地圖」這方面提出了各種理論。對於經驗豐富的鳥來說，熟悉的地標肯定有幫助。有些證據顯示氣味很重要，所以我想這也算是一種特殊的地標。還有一個可能不太實際的理論是慣性導航（inertial navigation）。就算蒙上眼睛坐在車裡，你還是可以感受到加速與減速（但愛因斯坦提醒了我們，如果是等速度運動，就會不準確），包括方向的改變。根據理論，待在黑暗簍筐裡，被車子從鴿舍運送到釋放點的信鴿，能夠考量所有的加速和減速，以及所有的轉彎。理論上，牠可以計算出釋放點和鴿舍的相對位置。

傑佛瑞・馬修斯（Geoffrey Matthews）這位實驗者，測試了慣性導航理論。他把鴿子放進一個不透光的圓柱桶裡，並在從鴿舍前往釋放點途中，讓桶子持續轉動。就算受到這麼殘忍的對待，那些可憐的生物還是找到了回家的路。至少可以說，這表示慣性導航的假設不

太可能成真。在此我要糾正一項錯誤。在一本暢銷書
中，這個實驗裝置被描述成像是在水泥車上不停轉動的
攪拌機。雖然那樣的畫面很符合馬修斯博士的幽默感，
但它並非事實。

　　人類可以藉由天文測量計算出自己的所在地。航海
者很早就會利用六分儀（sextant）精準定位。第二次世
界大戰期間，我父親的兄弟在運兵船上，基於安全因素
而無法得知所在位置，於是他巧妙又熟練地自製了一個
六分儀來查明，結果他差點被當
成間諜逮捕。六分儀是一種儀
器，用於測量兩個目標之間的角
度，例如太陽和地平線。你可以
在當地的正午時刻，利用這個角
度算出緯度，但是你得先知道該
地何時是中午，而這個時間會隨
著經度有所不同。如果你有個準
確的時鐘，能知道參考經度上的

水手重新發現了鳥類的技術嗎？
信鴿可以用來當成水手的六分儀
嗎？這個想法並不愚蠢，只是還
需要更多證據。

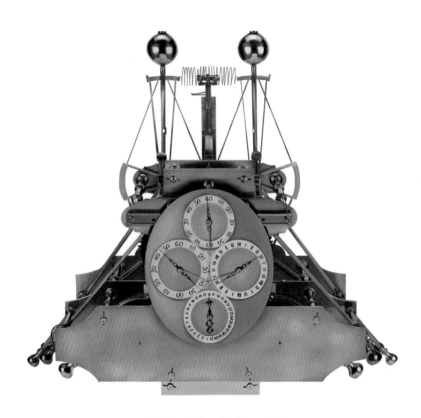

哈里森改善了航海天文鐘

錯綜複雜的零件、精細打造的設計，每一次微小的改進都提高了幾英里的準確度，避免導航時可能產生的致命錯誤。雖然候鳥不需要這麼精準（牠們不會沉船失事），但牠們到底是怎麼辦到的？

時間，例如本初子午線（或者如果你是鴿子，可以知道鴿舍所在地的時間），接著拿來跟當地時間對照，理論上就會得到你現在所在的經度了。不過，話說回來，牠

們要怎麼知道當地的時間？傑佛瑞・馬修斯認為，鳥類
不只會觀察太陽的高度，也會注意太陽在一段時間裡的
弧形運動。當然，牠們必須看著太陽一小段時間，才能
推斷出弧形運動。這似乎不太合理，可是我們從艾姆林
的天文館實驗得知，靛藍彩鵐幼鳥會注意到天空哪個部
分是旋轉的中心，這跟鴿子做的事沒什麼不一樣。而馬
修斯的學生安德魯・懷頓（Andrew Whiten）也針對鴿
子做過實驗，證明了牠們擁有必要的辨別能力。

　　理論上，鴿子能夠從太陽看似弧線的運動，推斷它
在當地正午的最高點，也就是天頂。我們已經知道，
太陽位於天頂時的高度，可以讓鴿子知道自己所在的緯
度。而推算出的天頂和水平線之間的角距離（Angular
distance，編註：指觀測者看向兩個物體的直線之間所
夾的角度大小，與角度同義），可以讓牠知道當地的時
間。如果把這個當地時間與其鴿舍的時間（亦即牠們自
己的格林威治標準時間）對比，就能夠得到所在地的經
度了。

　　遺憾的是，人類的時鐘只要有一點不精確，就會
讓導航產生很大的失誤。知名航海家斐迪南・麥哲倫
（Ferdinand Magellan）在首度環航世界時帶了十八個沙
漏。如果當時他利用它們來導航，一定會發生極大的誤
差。這在十八世紀仍然是件麻煩事，所以英國政府舉辦

了一場競賽，提供高額獎金，希望有人能夠發明在翻騰的大海上始終保持精確的航海天文鐘，因為擺鐘就是派不上用場。最後是由約克郡的木匠約翰・哈里森（John Harrison）贏得了獎金。雖然信鴿跟其他動物一樣都擁有生理時鐘，但精確度根本比不上哈里森的航海天文鐘，或甚至是麥哲倫的沙漏。從另一個角度來看，飛鳥或許不需要像水手那樣講求準確，畢竟水手要是導航錯誤就有可能沉船失事。其他與傑佛瑞・馬修斯的假說大致屬於相同類型的天文理論則認為，我們可以利用鳥類來解決長距離導航的難題。

鳥類還可能會運用什麼地圖？可能是以磁場為基礎的地圖，譬如鯊魚就會這麼做。地球表面上每個位置都有獨特的磁性特徵。這種特徵是什麼樣子？或許我們可以透過一個概念來理解。此理論的論據是，磁北（或磁南）與正北（或正南）的方向不盡相同。磁羅盤所測量的地球磁場，只是跟這顆行星的自轉軸大致對齊。磁北與正北之間的差異稱為「磁偏角」（magnetic declination），而要求精確的羅盤使用者都必須考量這個因素。磁偏角會因為地點而有所不同（這也會隨著時間變動，因為地核的變化有時會在幾個世紀內反轉地球磁場）。假設你能夠得知磁偏角，例如測量北極星和指北針間的角度，就可以推算出自己的位置（這也是利用了磁場強

度）。這就是我們想知道的磁性特徵。

　　有些令人驚奇的證據顯示，俄羅斯的葦鶯（reed warbler）確實具備這種能力。實驗者將葦鶯放進艾姆林漏斗，再以人工方式讓磁場偏移了8.5度。如果那些鳥真的擁有磁羅盤，那麼牠們在艾姆林漏斗中偏好的方向應該也會偏移8.5度。結果，牠們的飛行方向竟然變動了多達151度。根據磁偏角的計算，當磁場偏移了8.5度，牠們的出發地就不是在俄羅斯境內，而是蘇格蘭的亞伯丁（Aberdeen）！而且出乎意料的是，牠們在艾姆林漏斗裡偏好的方向，恰好就是要從亞伯丁前往原本遷徙之目的地所必須採取的方向。由此可見，亞伯丁的確具有某種磁性特徵。這讓我們稍微明白了鳥類的體內不只有羅盤，還具備一種磁感。我得說，這個結果好到有點難以置信。

　　無庸置疑，沒有人認為鳥類會像傑佛瑞・馬修斯那個利用太陽導航的理論那樣，有意識地做出複雜計算。當然，鳥類沒有紙筆，也沒有磁偏角或磁場強度的表格。當你在板球或棒球場內接球時，大腦的運作就像是在解決複雜的微分方程式。但你在控制雙腿、眼睛，以及伸手接球時，並不會意識到這一切。鳥類也是如此。

擁有翅膀的動物可以前往那些無法靠步行抵達的島嶼。偏遠的島上通常不會有哺乳動物。或者唯一存在的哺乳動物就是蝙蝠（除非是由人類引進，例如澳洲野犬或偷渡的老鼠）。為什麼是蝙蝠？當然是因為蝙蝠長了翅膀。除了蝙蝠以外，占據偏遠島嶼的，通常都是鳥類而非哺乳動物。在島上，我們常常會發現原本屬於哺乳動物的生意，都被鳥類壟斷了。紐西蘭的國鳥奇異鳥（kiwi）表現得就像生活於地面的哺乳動物。牠們的祖先會飛，這大概就是牠們一開始抵達該地的方式。奇異鳥的翅膀後來縮小到再也無法飛行，是具有代表性的島嶼鳥類，下一章會再討論這一點。不過，牠們最初就是因為有翅膀才能到達那裡的。

島嶼鳥類那些會飛的祖先，在偶然的情況下到了島上，譬如被一陣怪風吹離了航線。而在這裡，我要強調一個難以處理的微妙觀點。本章的內容是關於飛行的好處。尋找食物、逃離掠食者、每年遷徙至夏季覓食地，這些都是翅膀的明顯優勢。天擇讓翅膀臻於完美，包含其形狀及運作方式等所有細節，鳥類也藉由飛行得益。但對於那些因為運氣好而到偏遠島上的殖民者來說，這就不一樣了。天擇塑造翅膀，並不是為了要前往島嶼殖民與發展。如果把這種情況說成是翅膀的「好處」，可能會很奇怪。這些都是罕見的反常情況。或許有一場猛烈的颶風將一隻正在遷徙的懷孕雌鳥吹離了航線，丟到

某座島上，這只能說是幸運的意外。

　　即使是沒有翅膀的哺乳動物，偶爾也會因為離奇的事件而登上島嶼。沒人知道齧齒動物和猴子是怎麼到達南美洲的。牠們大約都是在四千萬年前出現，結果讓當地擁有了種類極為豐富的猴子及齧齒動物豚鼠（即天竺鼠）的親戚。

　　四千萬年前的世界地圖跟現在不一樣。非洲比較靠近南美洲，而且這兩塊大陸之間還有島嶼。猴子和齧齒動物很可能就是藉由跳島的方式移動，例如，乘著植被或被颶風吹到海裡的樹木漂流。這種不尋常的事件只要發生一次，初次抵達的海難倖存者就會找到適於生存的新地點，在那裡繁殖，然後演化。鳥類也是如此，只是翅膀讓牠們在一開始占了優勢。即使如此，我們也不能說這種稀奇的殖民發展，就是擁有翅膀的好處；這不同於每天利用翅膀在高處尋找食物的常見好處。

　　飛行似乎是一種非常實用的能力，適合各種目的。既然這樣，你可能會問，為什麼不是所有的動物都會飛？說得更確切一點，為什麼許多動物到最後會失去祖先曾經擁有的完美翅膀？

Chapter *3*

如果飛行這麼棒，
為什麼有些動物會
失去翅膀？

If Flying Is So Great,
Why Do Some Animals Lose Their Wings?

豬可能會飛

牠們現在不會飛，但以後有可能嗎？如果不行，原因是什麼？我們什麼時候才該好奇為何有些動物不做某些事？例如為何某些動物不會飛？

Chapter 3

如果飛行這麼棒，為什麼有些動物會失去翅膀？

以及海水為何熱滾燙⋯⋯

以及豬兒是否長翅膀。

——路易斯・卡洛爾（Lewis Carroll）

《愛麗絲鏡中奇遇》（*Through the Looking-Glass*），1871 年

　　海水並非熱滾燙，不過總有一天會（大約五十億年後）。至於豬，當然沒有翅膀，但牠們為何沒有翅膀這個問題，其實並不愚蠢。這只是用一種稍微詼諧的方式來提出一個較普遍的疑問：「如果這個和那個這麼棒，為什麼不是所有動物都具備這個和那個？為什麼不是所有動物都長著翅膀，甚至連豬也是？」很多生物學家會說：「這是因為牠們從未發生演化出翅膀所需的遺傳變

異，無法讓天擇發揮作用。適當的突變並未出現，或許也沒辦法出現，畢竟豬的胚胎學就是不適合長出可能發展成翅膀的小型突出物。」但我算是個古怪的生物學家，因為我不會直接跳到這個答案。我會把以下三種答案結合起來：「因為翅膀對牠們不實用；因為翅膀會妨礙牠們獨特的生活方式；因為就算翅膀可能有用，實用性也不符合經濟成本。」某些動物的祖先原本長著翅膀，後來卻放棄了，這證明擁有翅膀不一定是件好事。這就是本章要討論的內容。

工蟻沒有翅膀，牠們會到處走動，或許用「跑」來形容比較適合。螞蟻的祖先是長著翅膀的黃蜂，因此，現代的螞蟻是在漫長的演化中失去翅膀。但我們不必追溯到那麼遠。完全不用。因為工蟻的父母都有翅膀。每一隻工蟻都是不育的雌性，具備完整的蟻后基因，如果改用照顧蟻后的方式來養育，牠就會長出翅膀。也就是說，擁有翅膀的可能性，就埋藏於所有螞蟻的基因裡，但是這種情況在工蟻身上不會發生。因此，擁有翅膀一定會帶來某種壞處，否則工蟻就會知道牠們具有長出翅膀的遺傳能力。雌蟻有時會長出翅膀，有時卻又不會，這表示擁有翅膀的好處與壞處，必須仔細拿捏。

蟻后需要翅膀，才能從原本的舊巢外出尋找新巢。這其實是件好事，我們會在第十一章探討原因。翅膀也

蟻后蛻下已無用處的翅膀
工蟻永遠不會長出父母擁有的翅膀，儘管牠們的基
因很清楚翅膀的製造方式。翅膀不一定真有那麼好。

能讓年輕蟻后遇到來自其他蟻巢的有翅雄蟻。同樣地，
我們之後也談到為何這種遠系繁殖可能有好處。由於工
蟻不具生殖能力，也就沒有這兩種需求。牠們通常會花
很多時間待在地面下，穿梭爬行於侷促的空間。或許翅
膀會妨礙牠們在地下巢穴狹窄的通道、走廊、房間裡移
動。另一個生動的事實也支持了這種可能性：蟻后在一
生僅一次的交配結束後，會飛到適當地點建立新的地下
巢穴，此時她就會失去翅膀。某些種類的蟻后會把翅膀
咬掉，其他的則是用腳將之撕扯下來。咬下自己的翅膀
這種極端作法，證明了翅膀不一定值得擁有。牠們的翅

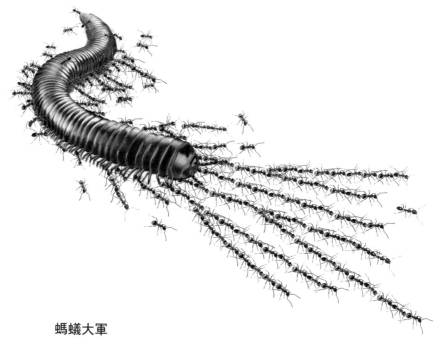

螞蟻大軍

螞蟻是很厲害的合作者。在這個例子中，牠們排成
長長的隊伍，拖走了一隻體型大到螞蟻根本無法單
獨搬動的馬陸。

膀已經在交配飛行和尋找新巢穴地點時派上用場。一旦
超出所需，可能還會在地底下造成妨礙，翅膀就會被拋
棄，或是被吃掉。

　　當然，工蟻並非所有時間都待在地下。牠們會四處
奔走，尋找食物並帶回巢裡。就算翅膀在地底會成為
阻礙，但如果保留下來，讓工蟻能夠像黃蜂祖先那樣迅

速覓食，應該也不錯吧？對，黃蜂是比螞蟻快，不過請考慮這一點：覓食的螞蟻經常會把比自己更重的大塊食物拖回巢裡，例如一隻完整的甲蟲。牠們無法帶著這種負擔飛行。而且，牠們往往會團隊合作以拖回更大的獵物。甚至有人見過兵蟻成群結隊地拖動一整隻蠍子。黃蜂和蜜蜂會到遠距離外搜尋少量的食物，螞蟻則是特地尋找相對比較靠近家園的食物，因為它們有可能體積過大，無法以飛行運送。即使不是在滿載狀態下，飛行也非常耗費能量。我們之後會提到，黃蜂的飛行肌肉，就像小型的活塞引擎（又稱往復式引擎），會燃燒許多含糖的航空燃料。光是要長出翅膀，就得付出一定的代價了。製造翅膀，必須以身體攝取的食物為材料，而一個巢穴裡成千上萬隻工蟻都要擁有四片翅膀，這樣的成本可不便宜。翅膀會大量消耗殖民地的經濟資源。或許就是因為這些考量，使得工蟻傾向於不長出翅膀。「傾向」是很貼切的用法，而我們在本書中也會持續提到經濟平衡的概念。只要談到演化優勢的問題，例如「這個器官有什麼好處？」，就一定會牽涉到針對取捨的經濟計算，亦即衡量利益與成本。

　　白蟻（termite）在某些方面跟螞蟻大相逕庭，其他方面則不然。我小時候待在非洲時，大家會叫牠們「白色螞蟻」（white ant），但其實牠們並不是蟻，差得遠

白蟻的蟻后曾經擁有翅膀
現在牠則變成了產卵的超級工廠。
牠的褐色外骨骼板延伸開來，腹部
膨脹成奇特的形狀。

了。螞蟻和黃蜂與蜜蜂是親戚，白蟻則跟蟑螂較為親
近。螞蟻一開始就像黃蜂，而白蟻一開始像是蟑螂，但
在演化中卻偏向了類似螞蟻的生活方式。然而，這兩者
之間有重大的差別。螞蟻中的工蟻，以及蜜蜂和黃蜂中
的工蜂，一定都是不育的雌性；白蟻中的工蟻也不具生
育能力，但雌雄都有。

　　不過，牠們跟螞蟻相同的地方，是工蟻沒有翅膀，
負責繁殖的雌性與雄性（蟻后和蟻王）才有；此外，
翅膀對牠們的用途也跟螞蟻一樣。而擁有翅膀的白蟻，

也會在一年中的特定時候，像螞蟻那樣成群移動，看起來十分壯觀。我在非洲的一些童年好友，會在長著翅膀的「白色螞蟻」聚集時，東奔西跑地抓住牠們並塞進嘴裡吃掉，還有，牠們在烤過之後可是當地美食。白蟻的蟻后會在交配飛行後落翅，這一點跟螞蟻相同，而且可能也是出於同樣的理由（白蟻待在封閉空間裡的時間，通常比螞蟻更久）。的確，因為牠們會膨脹成怪異的形狀，如果這樣還要保留翅膀，似乎太可笑了。牠們的頭、胸、足的確是昆蟲的特徵，但腹部實在腫得太過肥大，就像裝滿卵的白色袋子。蟻后就只是行走的產卵工廠；實際上，應該不能說行走，因為牠們會胖到走不動。牠們在漫長的生命中，會產出超過一百萬顆卵。

　　工蟻和白蟻的例子非常適合作為本章的開頭，因為牠們每一隻都具備了長出翅膀的基因，卻不這麼做。我們剛才提過，蟻后甚至還會扯下或咬掉自己的翅膀。鳥類才不會咬掉自己的翅膀。這實在很難想像。在脊椎動物中，我唯一能想到勉強堪稱類似的例子，就是尾巴的自割（autotomy）。autotomy一詞源於希臘文，是指動物在被掠食者抓住時，讓整條或部分尾巴脫落。蜥蜴和兩棲類都很常使出這種實用的招式，可是鳥類不會，沒有鳥會像蟻后那樣自割翅膀。然而，在漫長的演化時間中，確實有許多鳥類的翅膀逐漸縮小，甚至完全消失。

尤其是在島上，目前我們知道有超過六十種鳥類不會飛（如果把已經絕種的鳥類算進來還會更多），其中包括鵝、鴨、某些鸚鵡、鶴，以及超過三十種的秧雞，包括垂斯坦昆哈島（Tristan da Cunha）的呆秧雞（Inaccessible Island rail）。

為什麼島上的鳥類會隨著演化而失去飛行能力？我們在前一章提過，不會飛的鳥往往存在於哺乳動物掠食者和競爭者無法前往的偏遠島上。缺少哺乳動物會產生兩種影響。首先，藉由翅膀抵達的鳥類，能夠發展出原本屬於哺乳動物的生活方式，也就是不需要翅膀的生活方式。在紐西蘭，現已絕種的恐鳥（moa）就曾經扮演過大型哺乳動物的角色。奇異鳥表現得就像是中型哺乳動物。至於替代小型哺乳動物角色的，則是不會飛（且在近代絕種）的史蒂芬島異鷯（St Stephens Island wren），以及威塔（weta），這是一種像巨大蟋蟀但不會飛的昆蟲。牠們的祖先全都擁有翅膀。

其次，由於島上沒有哺乳動物掠食者，所以這些鳥類「發現」了牠們不一定需要利用翅膀來逃離被獵食的險境。模里西斯的渡渡鳥（dodo），以及鄰近島嶼上跟牠們有親緣關係且不會飛的鳥類，大概就是這種情況，牠們都是某種飛鴿的後代。

我用引號強調「發現」，是有理由的。當然，那些

剛抵達模里西斯或羅德格里斯島（Rodriguez）的鴿子祖先，並非看了看環境就說：「好極了，沒有掠食者，我們都把翅膀縮小吧。」真正的情況是，經過許多世代以後，擁有較小翅膀之基因的個體，都過得較為成功。這大概是因為牠們節省了生長翅膀的經濟成本。因此，牠們能夠養育更多的孩子，而後代就會繼承較小的翅膀。於是，牠們的翅膀便隨著世代交替而不斷縮小。在此同時，鴿子們的體型則變得愈來愈大。這就像是把不必生長與保養翅膀所節省下來的身體資源，轉移到其他部位。飛行會消耗許多能量，而把這些能量轉移到增大體型等其他事物上，是非常合理的。不過，演化出更大的體型，通常是島嶼動物的特徵，所以這當中可能還有更多因素。令人不解的是，在某些案例中，島嶼生物有變小的趨勢。在下一章我們會提到，有人認為體型大的動物在抵達島嶼後會變得更小，體型小的動物在抵達後卻會變得更大。

　　蝙蝠往往是唯一能夠前往偏遠島嶼殖民的哺乳動物，原因非常明顯。但我從未聽說蝙蝠失去飛行能力的例子，無論是在島上或任何地方都一樣。這讓我很意外，我還以為「島上經常演化出不會飛的鳥」這種論據，也適用於蝙蝠。說不定只是沒有人注意到而已；也許，未來的分子遺傳學會發現，某個叫「鼩鼱」（shrew）

的島嶼物種，原來（在演化上）起源於蝙蝠。做這種推測很有趣。就算我們到目前為止似乎都錯得離譜，未來也可能會有某個研究證明我們是對的。因為更奇怪的事都發生過了。在分子遺傳學出現之前，誰會猜到鯨魚竟然是從偶蹄（clover-hoofed）動物演變而來的？河馬和鯨魚的親緣關係，竟然比河馬和豬更接近！儘管鯨魚已不再擁有偶蹄，卻仍然算是偶蹄動物！

渡渡鳥可能是因為沒有掠食者而失去了翅膀。不過，遺憾的是，可憐的渡渡鳥未能在十七世紀水手出現之後生存下來。據說 "dodo" 一詞來自葡萄牙文，意思是「傻瓜」。之所以叫傻瓜，是因為水手會用棍棒打牠們來當作「運動」，而牠們竟然不懂得逃離。牠們不會逃跑的理由，大概是島上在那之前沒有逼迫牠們逃跑的生物；這也正是一開始造成牠們的祖先失去翅膀的原因。渡渡鳥會滅絕，除了被當成棍棒打擊運動的目標，或是遭到獵食（當代有紀錄指出牠們不好吃），大概還有一個更重要的因素，就是隨著船隻抵達的老鼠、豬和宗教難民，不只會跟牠們爭奪食物，還會吃牠們的蛋。

加拉巴哥群島（Galapagos）的弱翅鸕鷀（flightless cormorant），顯然是從大陸飛到島上的鸕鷀演化而來，而那些祖先的後代失去了翅膀。所有的鸕鷀都習慣在潛入水中捕魚後，伸展翅膀來晾乾。這個動作很重要，

伸展晾乾

加拉巴哥弱翅鸕鷀的祖先飛到了群島上,當時牠們的翅膀就跟大陸上的鸕鷀一樣大,也長滿了羽毛。抵達那裡後,牠們的翅膀就演化得愈來愈小。不過,加拉巴哥的鸕鷀仍然保留了祖先伸展翅膀來晾乾的習性。

駭鳥會生吞獵物嗎？

畏縮的水豚快要被高大的駭鳥吞下肚了。在此說明一下
比例，水豚是巨大的豚鼠科動物，體型等於一隻綿羊。
駭鳥已經絕種（你聽了可能會很高興）。水豚仍然存在
（你聽了可能也會很高興）。

因為牠們潛入水中捕魚時，翅膀會被水浸濕，不利於飛行。大多數的水鳥卻不是這樣，因為牠們會讓翅膀上油，因此才有「水過鴨背」（like water off a duck's back）這種說法。雖然加拉巴哥鸕鷀就連用未浸濕的翅膀也不會飛，但牠們仍然擁有伸出翅膀來晾乾的習慣。在此，我應該補充說明，不是所有鳥類學家都相信鸕鷀伸展翅膀的唯一理由就是為了準備飛行。

渡渡鳥和加拉巴哥鸕鷀在過去數百萬年裡失去翅膀，時間上跟我們相對較接近。鴕鳥及其同類，則是在更久更久之前就失去了翅膀，當時大概是牠們的遠祖以完整發達的翅膀飛到了某些早已被遺忘的島上。曾經帶著牠們祖先飛上空中的翅膀，已經收縮成短粗的殘留物。紐西蘭（已絕種）的恐鳥，翅膀甚至完全消失了。

鴕鳥殘留的翅膀，一方面可用於向其他鴕鳥展示，另一方面則是幫助牠們在跑步時控制方向並維持平衡。這對鴕鳥在快速奔跑時非常重要，而牠們確實能跑得非常快。

另外還有一種說法是，鴕鳥減速的時候可以展開翅膀，就像某些航空器在結冰或較短的跑道降落時，會打開減速傘。鴕鳥在南美洲的親戚「鶆䴈」（rhea，達爾文確實也稱呼牠們為鴕鳥）翅膀比例較大，但還是不夠大到足以飛行。鶆䴈和鴕鳥也跟澳洲的鴯鶓（emus）以及絕種的恐鳥有親緣關係：牠們全都是平胸鳥（ratite），

而且奇異鳥也是。

　　數百萬年前才在南美洲滅絕的「駭鳥」（terror bird）及其親戚，並不屬於平胸鳥類。駭鳥和平胸鳥的不同之處，在於牠們是貪婪的肉食動物，而牠們會有這麼可怕的名稱，確實當之無愧。最大的駭鳥身高可達三公尺。平胸鳥幾乎都是草食動物，頭小頸細。駭鳥則是頭大脖子粗，而且種類繁多。我不禁好奇牠們是否會像其他鳥類那樣，直接吞下大體型的獵物。比方說一整隻水豚（capybara），這是一種巨大的豚鼠科動物。為了避免「豚鼠」這個詞誤導你，讓你誤判了牠和駭鳥的大小，我得說明一下，成年的豚鼠科動物，身長能達到一公尺。也就是說，一隻豚鼠科動物的體型相當於一隻成年綿羊。有人目睹過海鷗生吞兔子，也會吃掉棲息地附近巢裡的幼鳥。南美洲曾經有體型跟河馬一樣巨大的豚鼠科動物。現已絕種的牠們，雖然曾經跟某些駭鳥處於同時代，但體型應該大到不會受其威脅，至少不是整隻被活活吞下！不過，跟綿羊一樣大的水豚呢？從駭鳥的身高看來，是不是有點像是海鷗眼裡的兔子呢？

　　鯨頭鸛（shoebill stork）來自非洲，是其貌不揚的瀕危物種，牠們並非駭鳥的近親，體型也小到（剛好）能夠飛行。然而，牠的外表及捕食習性，應該能讓我們明白即將被生吞時的感受。

想像遇見三公尺高的牠
鯨頭鸛的體型太小，不足
以吞下你。但牠那凶惡的
眼神，大概能讓你想像碰
上駭鳥時會是什麼感覺。

　　紐西蘭的恐鳥，身高可以達到跟駭鳥一樣高，體型
比鴕鳥大上許多。平胸鳥類（以及駭鳥）的翅膀幾乎都
很小，恐鳥則是完全沒有翅膀。就連鯨魚也沒演化到失
去肢體這種地步。雖然鯨魚沒有後腿，但體內仍然有腿
骨的蹤跡。但恐鳥的翅骨並不存在。悲慘的是，毛利人

《一千零一夜》的大鵬

抓著大象飛行的大鵬從未存在，也不可能存在。但
這個傳說是否源自旅人的故事，是以馬達加斯加那
些不會飛行的巨大象鳥為原型？

的出現導致了牠們滅絕。這只是六百年前左右的事，但我有位紐西蘭朋友還搞不清楚情況，曾經在酒吧裡告訴我，有人聽過牠們在南島的灌木叢中互相吼叫。

　　毛利人差不多是在七百年前抵達紐西蘭，相較於原住民大約於五萬年前抵達澳洲，這就像是昨天才發生的事。許多曾在澳洲生活的大型有袋動物，是否因為原住民而滅絕，這一點仍有爭議。那裡也有很多不會飛的大鳥，例如牛頓巨鳥（Genyornis），牠們高達兩公尺，就像長得過大的鵝。這些澳洲「雷鳥」（thunder bird）並非平胸鳥類的近親，跟駝鳥也無密切的親緣關係。現存最接近駝鳥的近親，是南美洲的叫鶴（seriema），牠們擁有優雅的冠毛，雙腿細長，可是身高遠不及駝鳥。

　　另外，同樣巨大的還有馬達加斯加的象鳥（elephant bird），牠們也是不會飛的平胸鳥。象鳥有幾個種類，其中最大的有三公尺高，最近才重新命名為「泰坦巨鳥」（Vorombe titan）。此處要提到一個引人入勝的幻想。〈航海家辛巴達〉（Sinbad the Sailor）是《一千零一夜》裡生動有趣的傳奇故事。在辛巴達眾多的驚人冒險中，有次他在一座島上遇到了一種叫大鵬（Roc）的巨鳥，牠們會抓大象來餵食幼鳥。辛巴達必須離開那座島，於是趁大鵬孵著巨大的蛋時，解下頭巾綁在牠巨大的爪子上，藉此成功飛離。

「我最珍愛的東西之一。」
年輕的大衛・艾登堡將一顆象鳥蛋的
碎片拼湊起來。

　　中世紀的威尼斯探險家馬可・
波羅（Marco Polo）也曾提過大
鵬。他說，牠的體型大到能夠抓起
大象，再從高處把牠們丟下摔死。
有趣的是，他似乎相信大鵬來自馬
達加斯加。馬達加斯加？我們就是
在那裡發現象鳥遺骸的。或許大鵬
的傳說源自旅人的故事，他們說馬
達加斯加有巨鳥，後續傳聞則是誇
大牠們的尺寸，卻也忽略了一個目
擊者很清楚，但謠傳者不知道的重
要事實：牠們不會飛。象鳥是到相當近期才絕種的，
最晚的時間可能是十四世紀；而牠們會滅絕，或許就跟
恐鳥一樣，是因為新來的人類會捕食牠們和牠們的蛋，
並且為了農業砍伐森林，摧毀了大鳥的棲息地。至今在
馬達加斯加的海灘上，仍然可以發現大量象鳥的蛋殼，
或許某天我們能夠藉由從中擷取的DNA讓牠們復活。
說不定恐鳥也行。那不是很棒嗎？順便提一個驚人的事

實：現存最接近巨大象鳥的近親，竟然是紐西蘭的奇異鳥，而奇異鳥是所有平胸鳥類之中體型最小的。

英國生物學家大衛・艾登堡（David Attenborough）在馬達加斯加一處海灘上，付錢讓人尋找象鳥蛋的蛋殼碎片，而他和攝影團隊也一起用膠帶黏貼，重建了一顆近乎完整的象鳥蛋。這種蛋的體積，差不多比你的早餐蛋大上一百五十倍。這可以給一整連的士兵當早餐。象鳥蛋的殼非常厚，厚度幾乎等同於汽車的擋風玻璃。你在替士兵做早餐時，說不定還得拿斧頭才能把蛋打開。這不禁令人好奇，雛鳥是怎麼出來的。

→ 順帶一提，這再次證明了演化就跟人類的經濟一樣充滿了取捨，即妥協。就蛋殼而言，它們愈厚，就愈不容易被掠食者或坐在上面孵蛋的父母給破壞。但同樣地，粗厚的蛋殼也會讓幼鳥在孵化時難以破殼而出。而且蛋殼愈厚，就愈要消耗寶貴的資源，例如鈣。演化理論家很喜歡提起「選擇壓力」（selection pressure）之間的取捨。不同的選擇壓力，會持續將演化的物種慢慢推往不同的方向，因此產生一種多面向的妥協。在演化過程中，來自掠食者的天擇會施加壓力，使蛋殼演化得愈來愈厚。但同

時也有一股相反的壓力偏向薄蛋殼，因為有些
幼鳥會被困在又厚又硬的蛋殼裡死去。最不容
易被困住的幼鳥，會繼承製造薄蛋殼的基因。
另一方面，這些製造蛋殼的基因，又會讓掠食
者容易破壞。從蛋殼厚度這一點來看，兩種相
反的因素都會導致某些幼鳥死亡。隨著世代交
替，蛋殼的平均厚度會達到某個中間值，代表
著兩股相反壓力之間的妥協。

對於會飛的鳥來說，保持輕巧也是另一股壓力。飛
鳥要盡量減輕體重，因此牠們的骨骼為中空，還有九個
氣囊分布於身體的各個部位。沉重的蛋則會破壞這些因
素帶來的好處。難怪鳥類的體內一次只能懷有一顆完整
成形的蛋。雖然一個窩裡可以有許多蛋，不過，牠們會
等到生完最後一顆蛋，才開始孵蛋，這樣幼鳥才能同時
孵化。有些猛禽會採用另一種相當殘忍的折衷作法。母
親會多產下幾顆蛋。如果那一年食物特別充足，牠們就
可以餵養所有幼鳥。要是情況普通，最小的幼鳥可能活
不了，那麼牠就會被兄弟姊妹殺死。最小的幼鳥也可以
當成是兄姊生命的保險。

→ 順帶一提，哺乳動物的情況通常不一樣。牠
們沒有維持超輕體重的選擇壓力，因此懷孕的

哺乳動物往往能同時懷有許多胚胎（馬達加斯加無尾蝟是紀錄保持者，一次懷胎最多達三十二隻；牠們看起來有點像刺蝟，這不禁讓人同情那個要生下孩子的母親）。然而，蝙蝠就不是這樣，牠們的窩仔數通常只有一隻，理由就跟剛才提過的鳥類相同。

人類也不是，但原因又不一樣了。人類幼崽的體型不大，這可能是因為我們的腦很大。無論我們腦容量大的理由為何（一定有好理由），這都讓分娩變得格外困難與痛苦。現代醫學出現之前，女性因難產而死亡的比例高得驚人，其中最主要的問題就是嬰兒的頭太大了。這又是演化中的妥協。為了減少母親面臨的危險，人類嬰兒會在發展的相對早期階段出生，但又不會早到危及自己的生存。他們的頭仍然大到讓母親不舒服；而且雙胞胎和體型較大的幼崽也會造成問題。人類的嬰兒被迫提早出生，所以比起其他哺乳動物更需要依靠父母照顧。我們要到一歲左右才會走路。角馬（牛羚）的幼崽在出生當天就會走路了。牠們也是單獨出生，原因是牠們幾乎一離開子宮就必須能夠行走，甚至奔跑。如果一次生下好幾隻，牠們的體型就會太小，跟不上遷徙的族群。

人類技術中充斥著互不相容的各方壓力。這種壓力所影響的並非演化時間，而是規畫出成功設計所需的時間。飛機就跟鳥一樣，重量愈輕愈好。可是，飛機也跟蛋殼一樣，機身要很堅固。這兩種理想並不相容，因此必須達到妥協（即平衡），這一點在先前曾探討過。

航空旅行可以更加安全。然而，這樣的代價不只是金錢，還要承擔麻煩的瑣事及延誤。同樣地，這也需要找到平衡。倘若安全受到無限重視，那麼保安人員就得讓每位旅客脫衣接受搜身，並將每個旅行箱從裡到外徹底翻查。然而，有些可接受的取捨，能讓我們免於採用這種嚴格的極端作法。

我們會接受一些風險。那些不會像經濟學家那樣思考的不切實際之理想主義者，可能很討厭這種想法，但其實人命並不是無限珍貴的。我們會用金錢的價值來衡量。軍用和民用航空器的規則，是在不同的安全妥協上找到平衡點。經濟取捨、平衡、妥協，這些都是技術和演化的基礎，而本書也會時常提起與此相關的概念。

為什麼蝙蝠是唯一會飛的哺乳動物？事實上，蝙蝠在所有哺乳動物中所占的比例相當可觀。大約有五分之一的哺乳類都是蝙蝠。但為什麼我們不會看到長著翅膀的獅子在空中追逐長著翅膀的羚羊？這正好是個很容易回答的問題。獅子與羚羊的體型太大了。那麼會飛的老

鼠呢？在所有的哺乳類中，齧齒動物就占了四成左右。牠們在五千萬年的演化歷史中碎步奔跑、長出鬍鬚、撕扯啃咬，為何就是沒有發展出翅膀？或許答案是蝙蝠已經先辦到了。假設某種流行病消滅了所有蝙蝠，我猜齧齒動物就會取而代之，到時牠們能做到的可不只有滑翔（這一招牠們已經會了），而是真正的飛行。

　　但我們不能忘了經濟的考量。要長出翅膀的代價不菲，使用的成本更是高昂，尤其是在拍動它時。這必須符合成本效益。此外，翅膀也可能造成妨礙，就像我們之前提過的螞蟻。如果你生存於地底，像裸鼴鼠（naked mole-rat）這種醜得討喜的小型穴居動物，過著團體社會生活，有一隻繁殖能力極強的「女王」（這一點類似螞蟻或白蟻），那麼擁有翅膀就會很不方便。

　　現在，我們要開始列出動物對抗重力離開地面的各種方式。要離開地面，最簡單又最不費力的方式，或許也正是最簡單的方式。不必像神話中的大鵬或實際存在的鴕鳥或駭鳥那樣，而是往另一個極端去。體型不能太大，要小一點。

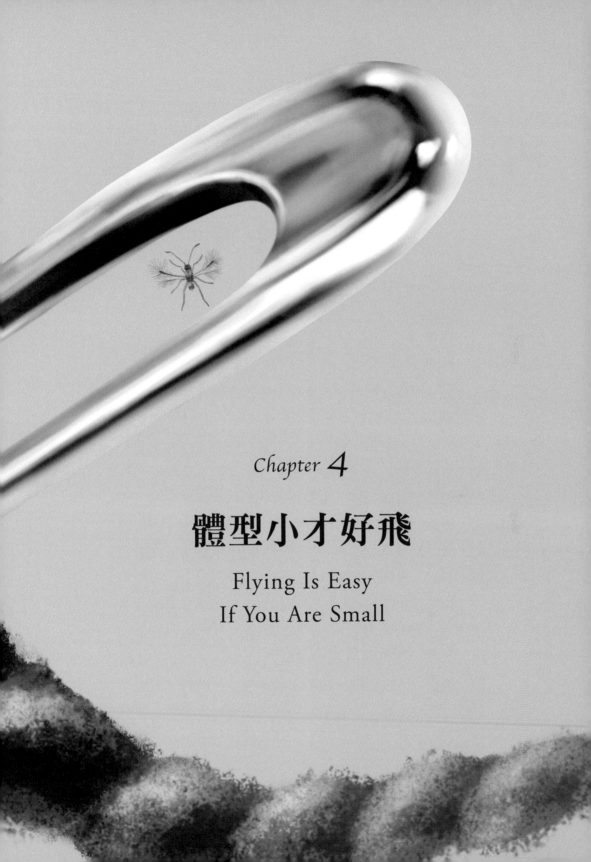

Chapter *4*

體型小才好飛

Flying Is Easy
If You Are Small

Chapter 4

體型小才好飛

　　很可惜科廷利仙子並不存在，因為這些想像出來的小人體型，非常適合飛行，不像天使、馬形生物布拉克或飛馬佩加索斯。體型愈大，飛行就會變得愈困難。如果你像花粉粒或一隻蚋（gnat）那麼小，那麼你在飛行時幾乎不會消耗任何力氣。你甚至可以隨風飄動。不過，要是你的體型跟馬一樣大，飛行就會變得極為費力，幾乎是不可能的事。為何體型這麼重要？原因很有趣。我們先來談一點數學問題。

　　如果要把任何東西的尺寸加倍（例如長度，而其他部分也要依照比例放大），你可能會以為體積與重量也隨之加倍。但其實重量會變成八倍（2×2×2）。這個原則適用於任何形體，包括人類、鳥類、蝙蝠、飛機、昆蟲、馬，不過，用孩子的玩具方塊來展示，是最清楚

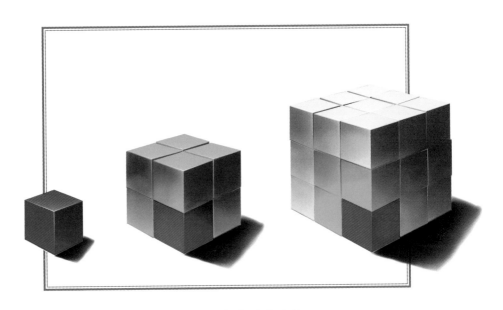

小東西有相對大的表面積

如果你把某個東西放大，它的體積（以及重量）會
比表面積增加得更多。這種情況利用方塊排列，最
容易看得出來，但原則適用於一切，包括動物。

的。拿出一顆方塊，接著拿出其他方塊堆疊出兩倍大的
形狀，這用了幾顆方塊？八顆。尺寸加大一倍的方塊，
重量是原本單一方塊的八倍。如果再疊出一個三倍大的
尺寸，你會發現這需要二十七顆方塊：3×3×3，或者
是三的立方。要是你想堆疊出每一邊各十顆的大方塊，
那麼你的方塊可能根本不夠用，因為方塊的數量會達到
十的立方（1,000）。

把任何形體乘上某個數字，來讓尺寸放大，那麼其體積（以及重量，這很明顯也會影響飛行）就是這個數字的立方：自己乘以自己兩次。這個算法不只適用於方塊，也適用於你想要放大的任何形體。不過，物體放大後的重量是以立方計算，但其表面積卻只需要以平方計算。如果你知道塗滿一顆方塊所需的油漆量，現在堆疊方塊，讓每一邊都有兩顆，塗滿的話需要多少油漆？不是兩倍，也不是八倍，你只需要四倍的油漆量。接下來，把方塊堆疊十倍，也就是每一邊都有十顆。我們已經知道它的體積會是原來的一千倍，也就是你得有一千倍的材料。可是你只需要一百倍的油漆量。因此，你的體型愈小，表面積與重量的比例就會愈大。我們會在下一章繼續討論表面積及其重要性。現在，你只要知道「大表面積可以捕捉空氣」就夠了。

　　接續我們在本章開頭的奇想，現在請想像有一位天使，看起來就像一個長了翅膀的人，也就是放大版的仙子。大天使加百列（Gabriel）在畫作中，通常會被描繪成跟普通人一樣高，比方說一百七十公分好了，這差不多是科廷利仙子的十倍高。所以，加百列不是比仙子重十倍，而是重一千倍。想想看翅膀要揮動得多用力，才能讓天使飛起來。此外，按比例放大的翅膀表面積，不是增加一千倍，而是只有一百倍。

達文西是否曾經覺得加百列的翅膀太小了？

〈聖告圖〉，但翅膀是足以讓加百列飛起來的大
小。即使如此，他要把揮動翅膀所需的巨大胸肌藏
在哪裡？還有胸骨上連接肌肉的「龍骨突」呢？達
文西是位厲害的解剖學家，不可能沒思考過。

　　如果你去過佛羅倫斯的烏菲茲美術館（Uffizi Gal-
lery），就會看到李奧納多・達文西那幅美麗迷人的〈聖
告圖〉（Annunciation）。裡面畫了天使加百列，可是翅
膀卻意外地小。那雙翅膀要舉起一個孩子就已經夠困難
了，更別提達文西把加百列畫成了男人的體型（儘管特
徵像女人）。而且，據說達文西畫的翅膀本來還更小，
是後來有位畫家把它們放大了。但這樣還是不夠大，差
得遠了。我們修改了這幅畫作的複製品，讓翅膀比較能
夠發揮作用。可惜的是，這會破壞畫作的美感。這麼說

小小的蜂鳥，大大的龍骨突
即使在這麼微小的鳥兒身上，
胸骨上也有相對巨大的「龍骨
突」。它必須這麼大，才能夠
支撐發達的飛行肌。

還算客氣的了。翅膀會誇張地超出畫面。

在〈聖告圖〉中，達文西所描繪的翅膀根部，跟這
幅精美畫作的其他部分很不一樣，看起來非常彆扭，彷
彿他自己都要為這麼荒謬的事感到難為情了。這位偉大
的解剖學家或許曾經納悶過，天使到底會把他們需要的
巨大飛行肌藏在哪裡。還有連接肌肉的胸骨呢？要是他

真的把龍骨突（keel）畫出來，就會很明顯地往聖母馬利亞坐的那張桌子延伸。飛馬佩加索斯比天使重得多，需要的龍骨突一定更巨大。布拉克的龍骨突，甚至還會在走路時不停地碰撞地面，真是可憐的生物。蜂鳥是世界上最小的鳥類，卻是強而有力的飛行者，而牠們的龍骨突相對也非常大。想像一下飛馬佩加索斯的龍骨突會大上多少。雖然蝙蝠沒有像鳥類的那種龍骨突，但其他的胸骨部分較大也較發達，具有同樣的作用。

加百列在達文西畫作中的翅膀肯定太小了。可是，我們該怎麼計算跟人類體型相仿的生物，實際需要多大的翅膀才能飛行？要是我們能像波音或空中巴士的設計師那樣，利用固定翼航空器的數學運算，情況就會簡單一些。但這樣仍然很困難。真正的翅膀會隨時調整形狀。更麻煩的是，它們拍動的模式相當複雜，而且隨之出現的渦流也會讓計算難上加難。或許最簡單的方式是放棄理論計算，看看這個世界有沒有跟人類一樣大的鳥。

現存體型最大的鳥類都不會飛，譬如鴕鳥。不過，有一些絕種的鳥類會飛，牠們的體重也跟人類差不多。偽齒鳥（*Pelagornis*）是一種巨大的海鳥。牠的生活與飛行方式，大概就像信天翁（albatross），翅膀也一樣細長，但長度有兩倍。牠跟信天翁的不同之處，在於擁有牙齒，但不算是真正的牙齒，是沿著喙長出像是牙齒

的突起物，功用應該也跟牙齒類似，或許能幫助抓魚並防止其逃脫。之後，我們會提到信天翁是運用一種獨特巧妙的方式，來獲得大部分的升力，也就是利用吹動波浪的強風，而偽齒鳥很可能也是如此。牠的翼展大約可達六公尺。

還有一種鳥比偽齒鳥更大，或者至少翼展相似但體重更重：*Argentavis magnificens*，這是拉丁文名稱，可以翻譯為「阿根廷巨鷹」。阿根廷巨鷹大概跟今日的安地斯神鷹（Andean condor）有親緣關係，那是一種很大的鳥（可惜已瀕臨絕種），不過，阿根廷巨鷹更大得多。牠的體重為八十公斤左右，跟一位健壯的男人差不多，只是大部分的重量一定都在翅膀上。牠的翅膀比信天翁或偽齒鳥更加粗厚，跟安地斯神鷹的翅膀一樣結實，而且表面積也大上許多，這樣才能讓體重相當於十隻信天翁的牠，飛得起來。根據估算，阿根廷巨鷹的翼面積約有八平方公尺，約等於今日的運動用降落傘。我們可以合理推測，阿根廷巨鷹主要都是在滑行並利用上升氣流飛翔，就像現今的兀鷹和禿鷹，牠們偶爾才會拍動翅膀。

有史以來最大的飛行動物，可能是風神翼龍（*Quetzalcoatlus*），這並非鳥類，而是翼龍。翼龍是一大群會飛的爬行動物，一般稱為「翼手龍」（pterodactyl），不

史上最大的飛鳥
已絕種的偽齒鳥和阿根廷巨鷹，與跳傘運動員的比例。

風神翼龍可能是史上最大的飛行動物

當然,風神翼龍從未見過長頸鹿。牠們之間相差了大約
七千萬年。不過,牠們要是相遇了,就可以面對面看著
彼此。你能想像長頸鹿飛起來的樣子嗎?

過，實際上這個名稱是指翼龍當中的一個特定類別，而牠們的體型比風神翼龍小得多。嚴格來說，翼龍不是真正的恐龍，但牠們跟恐龍有關係，最後也跟恐龍一樣在白堊紀末期的大滅絕中同時消失。

風神翼龍的體型大得嚇人。牠的翼展有十到十一公尺寬，相當於一架草蜢式聯絡機（Piper Cub）或西斯納（Cessna）小飛機，比任何鳥類（包括阿根廷巨鷹）都還要大。如果牠站起來，就會跟長頸鹿一樣高。而且，說不定牠真的會站，以後腳站立，前方則收起翅膀並以指關節撐地。然而，風神翼龍的骨頭為中空（所有會飛的脊椎動物皆是如此），所以體重只有長頸鹿的四分之一。牠很可能跟其他體型龐大的鳥類一樣，在空中的時間幾乎都是以滑翔為主。一旦起飛，牠大概就能滯空許久，也能以高速行進遙遠的距離。風神翼龍將藉由肌肉飛行的可能性，推到了最高的極限。我猜，牠應該會偏好從高處開始滑翔，而從地面起飛時想必就是個大問題。牠可能會利用自己強而有力的前肢「撐竿跳」升空。說不定你很好奇，這種飛行動物的脖子這麼長，要如何支撐住巨大的頭部？最近的研究顯示，其頸椎主要為中空（為了保持輕盈），內部有一種堅固的網狀支撐結構呈輻射散開，就像自行車的輻條，而輪轂裡則分布著脊神經索。

我們不知道這些巨大又長著厚皮的老飛行員，是否能夠拍翅飛行或者只會滑翔。這是很重要的差別，後面的章節也會繼續探討。

→ 順帶一提，體型愈大愈難做到的，不只有飛行，行走也是，甚至只是站立。童話故事中的巨人，往往被描繪為人類形體放大的樣子（也許長得再醜陋一點）。如果一隻三十英尺（約九公尺）的食人魔，擁有跟普通人一樣的骨頭，只是等比例放大，這些骨頭一定會被體重壓垮。牠的重量可不只有一個六英尺（約一百八十公分）人類的五倍，而是一百二十五倍。為了避免身體骨折崩塌的痛苦，巨人的骨頭必須比一般人的骨頭更厚實。想一想大象和大型恐龍的骨頭，巨人的骨頭肯定就像樹幹那麼厚，厚到跟長度不成比例。

體型是動物在演化中最容易改變的特徵之一，無論變大或變小都是。我們在討論模里西斯的渡渡鳥時曾經提過，移居至島上的動物往往會演化得更大，也就是「島嶼巨型化」（island gigantism）。令人不解的是，抵達島上的生物也有可能在其他情況下演化得更小，也就是

「島嶼侏儒化」（island dwarfism），例如在克里特島（Crete）、西西里島（Sicily）、馬爾他（Malta），就曾經有過一公尺高的迷你象，那一定很可愛。根據福斯特法則（Foster's Rule），原本體型小的動物到了島上之後通常會變得更大，而原本體型大的動物則會變小。我不確定我們對這種現象了解多少。有人認為，獵物（通常都很小）體型會變得更大，是因為沒有掠食者。不過，大型動物會變小，則是因為島上的面積小，限制了牠們能夠獲取的食物。

現在，你應該知道演化對體型的影響，不可能只是相應地放大或縮小。比例一定也會改變，原因就像我們先前提到玩具方塊時的那些數學定律。動物的整個形體也必須變化。演化得愈來愈小的動物，會變得更為細長。演化得愈來愈大的動物，則必須發展出更厚、更像樹幹的肢體。動物身上的一切，都得隨著體型的絕對大小變化而改變，不只是骨頭，還包括了心臟、肝臟、肺部、腸，以及其他的器官（下一章將會討論）。還有別忘了我們在本章開頭所提到那些數學上的理由。

回到本章標題，如果你真的跟仙子或蚋一樣小，飛行就會很輕鬆。就像薄紗或薊種子冠毛，只要最輕微的一陣風就能把你吹起。如果你真的需要翅膀，那也比較可能是用於控制方向而不是起飛。

科廷利仙子的翅膀可以很小，而且拍動時也不太費力。《彼得潘》（*Peter Pan*）故事裡的仙子叫小叮噹（Tinkerbell）。有趣的是，最小的飛蟲是仙女蜂（Fairy-fly），而仙女蜂之中，有一個種類的拉丁文名稱是 *Tinkerbella nana*（nana 也是《彼得潘》中照顧達林家孩子們的保姆狗「娜娜」之名）。*Tinkerbella nana* 身上如薄紗般的「羽毛」，其實是翅膀，但其用法大概是在空中飄動時當成槳來「划」，而非用於提供足夠的升力。其他種類的仙女蜂，則擁有看起來較為傳統的翅膀。仙女蜂是目前已知最小的飛行動物。這麼小的昆蟲要留在空中根本沒問題。牠們要返回地面，反而會比較困難。

體型小還不錯。可是，萬一你出於某種原因需要較大的體型，而且也必須飛行呢？儘管經濟成本很高，體型大還是有許多好處的。小型動物比較容易被吃掉。牠們也無法捕捉大型獵物。比方說，同物種之中有跟你競爭交配權的對手，要是你的體型比對方大，就很容易達到威嚇的效果。不管出於什麼原因，如果你無法擁有小的體型，卻仍然必須飛行，就得找別的方式解決問題。這正是我們下一章要討論的內容。

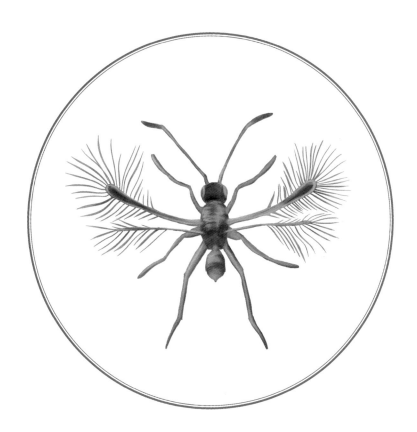

仙女蜂
本章開頭的章名頁圖片描繪了牠飛行穿過針眼的
樣子。翼展大約只有0.25公釐。

體型大又想飛，
就要增加大比例的表面積

If You Must Be Large and Fly,
Increase Your Surface Area Out of
Proportion

飛鼠

用「滑翔鼠」或「跳傘鼠」來稱呼牠,應該比較適合。
「翼膜」是肢體間延展開來的一層皮,會增加動物的表
面積,使其安全地在樹木之間滑翔。

Chapter 5

體型大又想飛，
就要增加大比例的表面積

前一章討論過，如果用體重來比較，小型動物必然擁有相對大的表面積，所以飛行對牠們而言很容易。這一點從玩具積木的簡單數學計算就看得出來。我們也算過塗滿表面積所需的油漆量，或是覆蓋全身所需的布料量。假設天使的體型跟仙子相同，但高度增加十倍，那麼天使皮膚的表面積就會是十的平方倍，亦即一百倍，至於體積和重量則會是一千倍。

然而，表面積和飛行有什麼關係？你的表面積愈大，能夠捕捉空氣的區域就愈大。假設有兩個一模一樣的氣球。吹飽其中一個，使其有較大的表面積，另一個則不變，看起來就像一塊鬆軟的小橡膠。讓它們從比薩斜塔頂端一起落下。哪一個會先落地？答案是沒吹過的

雙翼飛機
速度慢的飛機需要相對大的機翼面積，才能撐住一
定的重量。現今，雙翼飛機比以前更罕見，而且速
度都不快。

氣球，儘管它並沒有比另一個重（其實還更輕一點）。
當然，如果是在真空環境中，它們就會同時落地（實際
上，吹飽的氣球在真空中會爆掉，但你應該明白我想表
達的意思）。雖然我說了「當然」，但在伽利略出現之
前，這情況完全出乎大家的意料之外。他證明了只要在
真空中，就算是一根羽毛也會和一顆砲彈同時落地。

　　在本章，我們要問的是：「如果一隻動物的體型很
大，卻必須飛行，該怎麼辦？」牠必須不成比例地增
加表面積，像是長出羽毛之類的突出物（例如鳥類）或
是細薄的翼狀皮膚（例如蝙蝠或翼手龍）。無論你的身

體是由多少物質組成（你的體積或重量），如果能將體積的一部分展開成大表面積，那麼你離飛行就更近一步了。至少你可以像使用降落傘那般和緩落下，或是在微風中飄動。正因如此，我們才會把達文西畫中天使所需的翅膀改得那麼巨大。以工程師的數學觀點來說，這稱為「翼載」（wing loading）。一艘航空器的翼載，是由重量除以機翼面積。翼載愈大，它就愈難留在空中。

當一架飛機（或一隻鳥）飛得愈快，每平方公分的機翼或翅膀所產生的升力就愈大。具有一定重量且速度較快的飛機，即使機翼較小，也仍然能留在空中。因此，速度慢的飛機往往比速度快的飛機擁有相對較大的機翼面積。

人類在達到今日的高速飛行之前，經常都是使用雙翼飛機。這樣的話，機翼面積就變成了兩倍，但阻力也會因此增加。同理，我們偶爾也會見到三翼飛機。

→ 順帶一提，暫且不論飛行，對生命體而言，表面積與體積通常極為重要，而這也是很有趣的題外話。正如翅膀會增加外部表面積以利飛行，為了因應變大的體型，許多器官也會因此增加內部表面積。比方說肺部。

動物的體積或重量，會適當反映出其細胞的數

量。較大的動物並不會有較大的細胞，只是數量比較多。無論大象或老鼠，身上的每一個細胞都必須被供給氧氣及其他必要物質。跳蚤的細胞比大象少，而且都能夠輕易獲得空氣。氧氣不必行進很遠的距離，即可抵達細胞。一名成年人的細胞數大約有三十兆個，其中只有相當微小的部分是接觸空氣的皮膚細胞。儘管人類的表面積比跳蚤大上許多，在外表面的細胞所占的比例卻比較小。為了補償表面積不足的缺失，大型動物會發展出巨大的內表面積以接觸空氣，這就是肺部的功用。

你的肺裡是個錯綜複雜的系統，由分支與次分支的管道組成，最後抵達稱為「肺泡」的微小空間。你所擁有的肺泡數量，差不多是五億個，全部展開的總面積幾乎可以覆蓋一整座網球場。你體內的全部表面，都會接觸到空氣，而且充滿了血管。即使是體型更小的昆蟲，也會藉由體內分支的氣管，來增加接受空氣的表面。整隻昆蟲的身體就像是肺。

我們肺裡的血管會分支、分支、再分支，提供巨大的內表面，用於收集肺部的氧氣並輸送到身體的所有細胞，例如肌肉細胞需要氧氣緩慢

燃燒來為其提供動力。毛細血管組成了龐大的內部面積，目的就是要收集與輸送資源，以供給所有的細胞。為了生存，通常細胞和毛細血管的距離必須在一公釐的5%以內。也就是說，細胞和最接近的毛細血管之間的距離，大約就是細胞直徑的二至三倍。毛細血管會從腸道收集食物物質，而腸子本身也提供了非常龐大的表面積，幾乎可以覆蓋整座網球場。想一想盤繞在你體內那些腸子的驚人長度，再跟蚯蚓比較一下——牠們從一端到另一端，就只是一根直管。你的腎臟布滿了無數的微小管道，這又增加了很多內表面積，而血液會在此處過濾並去除廢棄物質。

如果將你全部的血管（其中大部分是毛細血管）延展開來，就可以繞行地球三圈以上。這表示血管和細胞之間接觸的表面積非常大。你體內的許多大型器官，都是為了增加血管觸及細胞的有效表面積，不只是肺部和腸子，還包括了肝臟、腎臟等等。

碰巧的是，珊瑚礁的裂口與縫隙、凹凸不平的樹皮、森林裡無數的葉片，也都大幅增加了表面積，讓生命能夠從中發展。

前面這些題外話的結論，表示本章主題「體型大就要增加表面積」所指的不只飛行，還適用於呼吸、血液循環、消化、廢棄物處理，也幾乎跟動物體內的運行以及外表展現的一切有關。不過，現在我們先回到飛行的主題。

我們已經知道，一隻動物的表面積和體重之比例愈大，在空中落下的速度就愈慢，也更容易獲得飛行所必需的升力。無論是用於飛行或滑翔，翅膀都會大幅增加表面積。蝙蝠與翼龍（Pterosaur）身上的翅膀，是一層薄薄的皮膚。細薄的表面需要支撐，也就是骨頭或效果相當的東西。演化會投機取巧，它傾向於改造已經存在的東西，而非無中生有。理論上，你可以想像翅膀從背部冒出來，就像繪畫中的天使。然而，這表示身體必須長出新的骨頭來支撐它。

身體能夠徵用哪些現有的骨頭，以支撐飛行的表面？我們之後會看到，有些蜥蜴會藉由體側伸出的薄膜滑翔，這就是借助肋骨來支撐。不過，像蝙蝠、鳥類、翼龍等專業飛行者，則會利用手臂，因為手臂已經擁有可以直接運用的骨骼與肌肉，很適合改造。

蝙蝠和翼龍會展開手臂及同一側腿部之間的皮膚來飛行。翼龍的臂骨大多相對較短，但有一根手指特別長——第四指，也就是「無名指」。「翼手龍」的拉丁

文為 *Pterodactyl*，其字義就是「翼手指」（wing finger）。這根加大的手指直接延伸至翅膀末端，幾乎完全支撐住翅膀的前半部。人類的手指纖細脆弱，可以發展出打字或彈奏鋼琴等技巧，因此很難想像竟然會有一根手指比手臂其他部分加起來更長，而且強韌到足以支撐風神翼龍的巨大翅膀。光是想到這一點，就讓我有點不安。這證明了演化能夠將現有的資源運用到何種程度。

在此要指出，由於翼膜不容易保存為化石，因此生物學家的重建並不一定與實際情況一致。我們是依循近來最權威的重建方式，將翅膀畫成一路延伸至踝部。此外，某些證據也顯示，從指尖到踝部的翅膀後緣上有一條肌腱，除了提供額外的支撐，大概也能防止牠們在風中劇烈震動，因為這種狀況不但會減損飛行效率，也可能會撕裂翅膀。

蝙蝠的翅膀會運用到所有手指，不僅是第四指。而且，蝙蝠也像翼龍一樣，會使用後腿作為翅膀的額外支柱，但這導致牠們不善於行走。蝙蝠之中最擅長行走的，大概就是在紐西蘭森林裡拖著腳步穿行於落葉之中的短尾蝠。可是在行走或奔跑方面，牠們根本比不上鳥

01

02

03

類。我能想像翼龍行走的方式有多麼笨重，應該就像一支有生命但壞掉的雨傘。

鳥類的作法就不同了。牠們的飛行表面不是一片皮膚，而是能夠巧妙展開的羽毛。羽毛是奇妙的產物，這種不可思議的裝置，強韌到足以在空中支撐鳥類，但又不會像骨頭那麼堅硬。羽毛很有彈性，同時也夠硬，讓鳥翼不必生長出骨頭。在圖中的渡鴉等鳥類身上，手臂骨骼大約只有翅膀長度的一半。翼展的其他部分是由羽毛構成。相比之下，蝙蝠或翼龍的骨頭則是一路延伸至翅膀末端。

雖然骨頭堅硬，卻很重，而沉重正是飛行者要盡量避免的因素。中空的管子比實心的棒子輕盈許多，而且強度只差一些。所有飛行脊椎動物的骨頭都是中空的，再以交叉支撐的構造強化。鳥類能將翅膀中的骨頭盡量減少，轉而利用堅韌的超輕羽毛。

◀ 讓手臂變成翅膀的三種方式

蝙蝠（01）延長了所有手指並展開。翼龍（02）只放大一根手指。蝙蝠與翼龍必須利用腿來提供額外的支撐。鳥類（03）不必這麼做，因為羽毛本身就有硬度。同理，牠們的臂骨也可能短得驚人（而且有效率）。

羅伯特‧虎克（Robert Hooke）在
1665年出版的著作《微物圖解》（Micro-
graphia）中，首度描繪出顯微鏡下的景象，使
讀者驚豔於生物複雜精細的結構。當然，羽毛
也引起了他的注意。「在此，我們觀察到大自然
竭盡所能，製造出一種足夠輕盈卻又非常強韌的物
質。」他指出「極為強壯的身體通常也極為沉重」，
因此，羽毛要是以其他方式建構，肯定會沉重許多。
羽毛會互相交疊，讓翅膀像是一片完美的扇子，能夠
改變形狀來適應不同的飛行狀況。在這方面，鳥類的翅
膀優於蝙蝠或翼龍，然而，改變翅膀形狀要付出的代
價，就是皮膚會鬆垂。

　　羽毛的羽片是由數百根小羽枝（barbule）組成，
而相鄰的小羽枝能夠像拉鍊那樣鉤合或打開。這種安
排達到了虎克理想中的強韌與輕盈，卻是有代價的：
鳥類必須不斷地以鳥喙將羽毛梳理整齊。如果你觀察
　　一隻鳥，一定會看見牠理毛，仔細照料自己的
　　翅膀。事實上，鳥的性命就取決於此，因
　　　為羽毛不順也許會直接影響到飛行能
　　　力，導致牠們無法逃離掠食者，
　　　或是抓不到獵物，或者控制

不了方向而發生撞擊。

　　羽毛就是改造過的爬蟲類鱗片。它們最初演化的用途，或許不是為了飛行，而是隔熱，就像哺乳動物的毛髮。這再次證明了演化能夠善用現有的資源。（另一個例子是，雄性沙雞會飛到很遠的距離外替孩子取水。牠們腹部的羽毛發展出類似海綿的功能，飛回家後，就能讓幼鳥來吸吮水分。）蓬鬆、隔熱的羽毛，慢慢變得愈來愈長，中間也有一根強化支撐的羽管，而其堅韌的強度也非常適合飛行。

　　鳥翼是完全由羽毛構成的飛行平面，面積比身體其他部分大上許多。飛行大多是由所謂的主翼羽（primary feather）負責。我們的祖先通常會把這種大羽毛的羽管削尖，當成筆使用。

　　直到最近，我們才發現，在真正的鳥類演化出來之前，羽毛在鳥類的恐龍祖先身上很常見。甚至連可怕的暴龍（*Tyrannosaurus*）似乎都擁有羽毛，這彷彿讓牠們變得沒那麼恐怖了，但還不到可愛的地步。而且，以前還有長著羽毛的四翼恐龍。牠們生活於一億兩千萬年前的白堊紀，出現時間晚於著名

四翼恐龍
鳥類可能擁有但未被採用
的設計。

的始祖鳥（*Archaeopteryx*，通常被稱為最早的鳥類）。
像小盜龍（*Microraptor*）之類的生物可能真的會振翅飛
翔，而不只是滑翔。

　　由於羽毛夠強韌，所以在手臂之後的翅膀部分，不
需要骨頭支撐，而手臂骨骼也能因此節省資源，生長得
比翅膀短上許多。同時，巧妙彎曲的羽毛也能夠做好上
拍與下拍的動作。更棒的是，牠們不必用到後肢來提升
翅膀的強度。這表示鳥類有別於蝙蝠和翼龍，可以完美
地行走、奔跑及跳躍（僅限小型鳥類）。跟笨拙搖晃行

走的翼龍或蝙蝠比較起來，這是絕大的優勢。

昆蟲也擁有這項優點。牠們的六足不涉及飛行，能夠自由行走與奔跑。例如，虎甲蟲在需要逃離蜥蜴時可以飛行，但主要是以步行的方式獵食蜘蛛或螞蟻。

虎甲蟲在打獵時，跑步的速度可達每秒二‧五公尺，也就是說每秒鐘的移動距離大約是體長的一百二十五倍。雖然把它換算成人類的跑速其實不太公平，但你有興趣的話可以計算一下。而且你看，虎甲蟲的腿多麼長又敏捷。

虎甲蟲
昆蟲界的短跑冠軍；
而且牠還能飛。

昆蟲的翅膀沒有特定的支撐物，不像飛行脊椎動物那種以堅硬骨頭支撐的翅膀。昆蟲的骨骼其實就是外骨骼。昆蟲的整個外體壁就是骨骼。翅膀是胸部外骨骼的產物，因此足夠硬挺，可以承受小型飛行動物的重量。

　　本章主要探討翅膀必須在動物的體型中占有巨大表面積，才能夠提供飛行所需的升力。希臘眾神中的信使荷米斯（Hermes，相當於羅馬神話中的墨丘利）所穿的帶翼涼鞋其實太小了，就跟右頁這幅圖中維多利亞式設計的飛行機器一樣，那些小螺旋槳雖然很可愛，卻注定永遠飛不起來。

要是飛行這麼簡單有多好？
維多利亞式設計，在英國詩人馬修・阿諾德（Matthew Arnold）
所謂「擁有夢幻尖塔的甜美之城」這個注定失敗的幻想中飛行。
他極為貼切地將牛津描述成「失去希望和拋棄信仰的家」。

無動力飛行：
跳傘與滑翔

Unpowered Flight:
Parachuting and Gliding

Chapter *6*

無動力飛行：跳傘與滑翔

　　無論你的體重有多重，只要你的表面積夠大，就能克服部分地心引力，從高處和緩而安全地飄下。我們的降落傘就是利用這個原理。本章會探討跳傘和滑翔，這些都是藉由擴大表面積來達成，而其中可能包含了翅膀，但我們會先從不算是翅膀的因素開始說起。

　　我們已經知道，對於體型非常小的動物，表面積和體重的比例本來就會很大，因此牠們不必借助特製的降落傘即可安全飄落。松鼠的體型還不到那麼小，所以需要稍微增加表面積。牠們是熟練敏捷的攀爬者，會在鄰近的樹枝之間跳躍以加快移動速度。牠們如羽毛般的長尾巴，能夠擴大表面積，幫助自己安全地跳到更遠一點的樹枝上。雖然尾巴不算是翅膀那種真正的飛行平面，但不無小補，而且松鼠夠小，可以利用毛茸茸的尾巴表

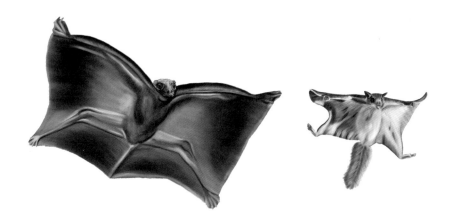

獨立演化出降落傘的兩種生物
鼯猴或稱「飛狐猴」（左），以及「飛鼠」（右）。

面來捕捉空氣。

　　有些名為「飛鼠」（應該叫「滑翔鼠」比較貼切）的特種松鼠，進一步推展了這個概念。牠們演化出一種網狀皮膚，從前肢延伸到後肢，相當於降落傘。這被稱為「翼膜」（patagium，源自拉丁文，意指羅馬女性上衣的鑲邊）。飛鼠不只能在樹枝間跳躍。牠們會伸展手腳以張開降落傘，平順地滑翔到二十公尺遠的另一棵樹上。牠們就跟人類使用降落傘時一樣會向下飄落，但過程緩慢又安全，而且這樣就能在森林裡的樹木之間移動。牠們通常會從一棵樹的高處滑翔到另一棵樹的樹幹底部附近。

在東南亞和菲律賓的森林之中，還有一種生物把這個概念發揮得更徹底。牠們名叫貓猴（colugo）、鼯猴（cobego）或飛狐猴（flying lemur），但其實不是狐猴（真正的狐猴全都棲息於馬達加斯加）。鼯猴並非靈長類（不屬於狐猴、猴子和人類這種哺乳動物），但跟靈長類有親戚關係。牠們跟飛鼠一樣也演化出翼膜，但不只是從手臂延伸至腿部，就連尾巴也包含在內。基本上，牠們的整個身體有如一大片降落傘，翼膜表面積比飛鼠更大，能夠滑翔一百公尺。再次強調，翼膜不算是真正的翅膀，它不會像蝙蝠或鳥類的翅膀那樣拍動。然而，鼯猴可以藉由調整肢體來控制滑翔，就像專業的人類跳傘者拉動繩子那樣。

雖然大部分飛鼠的翼膜和尾巴並不相連，但在中國有一種巨型飛鼠的翼膜會稍微延伸至尾部。這個線索能讓我們看出鼯猴的降落傘大概是如何演化而來。

鼯猴與飛鼠各自都演化出翼膜，這種情況被稱為「趨同演化」（convergent evolution）。但牠們不是唯一這麼做的森林哺乳類。自從恐龍滅絕後，澳洲幾乎與世隔絕，哺乳動物便接管了恐龍主宰陸地的角色。在澳洲，取代了恐龍的哺乳類，剛好全都是有袋動物（加上一些卵生哺乳動物，即鴨嘴獸和針鼴的祖先）。澳洲和新幾內亞的各種有袋動物，就跟世界其他地方的類似

動物一樣演化著。那裡有袋「狼」、袋「獅」、袋「鼠」（marsupial mice；鼩鼠）。此處使用引號，意指這些都是獨立演化的「狼」、「獅」、「鼠」，跟我們一般所謂的狼、獅、鼠並不相同。另外，那裡也有袋「鼴」、袋「兔」，以及——你猜對了——袋「飛鼠」。這種澳洲的有袋滑翔者稱為「袋鼯」。我應該補充一下，在動物學上有許多考量（包括本段提及的內容）都會將鄰近的新幾內亞這個大島，視為澳洲的一部分。新幾內亞的有袋動物群中，也包括了本土特有的袋鼠。而且那裡也有獨特的有袋滑翔動物，就跟澳洲的類似。

目前存在著數種有袋滑翔動物，牠們全都和飛鼠一樣，具有從手臂擴展至腿部的翼膜，但不像鼯猴那樣延伸至尾巴。與飛鼠最相似的是蜜袋鼯（sugar glider），在澳洲與新幾內亞境內都有。牠們能夠滑翔到大約五十公尺外的樹上。雖然其外表看似飛鼠，不過，這兩者在哺乳動物中的親緣關係非常遙遠。這種趨同演化，正是天擇的絕佳範例。擁有翼膜對森林哺乳類而言是件好事，因此，齧齒動物和有袋動物都演化出了翼膜，鼯猴也是。不過，我們還可以更深入探討。光是在齧齒動物身上，翼膜就獨立演化了兩次。一次是在真正的松鼠家族中，一次則發生於另一個非洲齧齒動物的家族，即所謂的鱗尾松鼠（scaly tail）。牠們的長相和滑翔方式，

就類似美洲和亞洲森林中的飛鼠，以及澳洲的有袋滑翔動物。然而，牠們是獨立演化出翼膜的。

　　森林的滑翔者必須先從高處出發，才能夠開始控制下降。在森林中，牠們的作法是爬到樹上。不過，還有其他方式可以從高處滑翔，比方說到懸崖上。使用滑翔翼的人類，就偏好這種方式（而且膽量比我大得多）。有許多海鳥也是，牠們能拍動翅膀，但可以的話還是會盡量從懸崖出發，因為這樣比較省力，而且懸崖附近也會有實用的上升氣流。雖然雨燕精通於拍動翅膀的動力飛行，卻無法直接從地面起飛。在必須降落（以便築巢）的罕見情況下，牠們一定會選擇高處，這樣才能重新飛到空中。大衛・艾登堡的英國廣播公司（BBC）攝影團隊，就曾經拍攝到日本的海鷗為了前往喜愛的出發點，而排隊爬上坡（一根傾斜的樹幹）。

　　然而，滑翔的鳥類在開始下滑之前，還能透過一種特別重要的方式被帶到高處，即上升暖氣流（thermal），而且有時候真的很高。熱空氣會上升，而上升暖氣流是被較冷空氣包圍而呈圓柱狀垂直上升的暖空氣。通常它們發生的成因，是太陽對地面加熱不均勻，有些地帶會比周圍更熱，例如露出地面的岩層，這會使溫暖地帶上方的空氣變熱，成為上升暖氣流。從上升暖氣流底部進入填補的冷空氣，也因此被加熱而上升。在上

升暖氣流的頂部，空氣會變冷並沿著暖氣流周圍繞行下降，這就完成了對流循環（convection cycle）。那種有如一團團脫脂棉的蓬鬆積雲，經常在上升暖氣流的頂部形成，因為那裡溫度低，會凝結水滴。這種雲從遠處就能看見，代表著那裡有上升暖氣流。

正如鼯猴會爬到樹上並滑翔至森林遠處的另一棵樹，禿鷹和其他飛鳥則利用上升暖氣流達到相同的目的。不過，一棵樹的高度只有幾十公尺，一道上升暖氣流卻可以將禿鷹帶到數千公尺高。你可以看到牠們在非洲大草原上盤旋，以環繞的方式緩慢爬升。盤旋能幫助牠們留在上升暖氣流的垂直圓柱範圍裡。人類的滑翔機飛行員也會運用這種方式。已過世的柯林‧潘尼庫克（Colin Pennycuick）教授是鳥類飛行領域的頂尖專家，也是一位飛行員，他就曾經駕駛滑翔機盤旋於高空，近距離在禿鷹、兀鷹和老鷹之間研究牠們。

我從未試過駕駛滑翔機，而我會想要體驗一下。滑翔翼可能更有趣，因為你可以藉由改變身體重心的方式，憑直覺操縱。我能想像有經驗的滑翔翼運動員會覺

為了長距離滑翔而爬高（見下一頁）▶
滑翔至下一道上升暖氣流。（很明顯未按比例繪製。）

滑翔翼
身為巨大的翼龍，就是這種感覺嗎？

得機翼彷彿是身體的一部分。海鷗在懸崖邊的上升氣流
裡旋轉高飛時，或許就是這種感覺？或者像老鷹甚至是
翼手龍，在上升暖氣流頂部俯視大草原那樣。但我應
該不敢嘗試。我當然不會像某些滑翔翼愛好者那樣跳下
垂直的懸崖。不知為何，我總覺得這似乎比從飛機跳傘
更可怕。以前造訪西愛爾蘭著名的莫赫懸崖（Cliffs of
Moher）時，我只敢四肢著地爬到邊緣附近，而且很想

整個人趴在地上。

　　我們可以把大草原幻想為由上升暖氣流構成的一大片「森林」。那些由熱空氣上升所形成的「樹」，可能比飛鼠、鼯猴或袋鼯所爬的樹高出數千公尺。而且它們的間隔更遙遠。鼯猴滑翔的水平距離有一百公尺左右，禿鷹則可以爬升得極高，從頂點以小角度下滑好幾公里，大概能抵達另一道上升暖氣流的底層。此時，牠又可以再次爬升，準備滑翔至下一道上升暖氣流底部。對滑翔機駕駛員來說，上升暖氣流的排列就有如「街道」。只要沿著街道在上升暖氣流之間移動，他們就可以一直留在空中行遍各地。老鷹和鸛也是以相同的方式利用這種街道。

　　牠們怎麼知道下一道上升暖氣流在哪裡？大概跟滑翔機駕駛員一樣，也就是尋找位於上升暖氣流頂部的積雲；或者尋找在遠處盤旋的鳥類；又或是觀察地形。

　　當然，沿著街道滑翔至上升暖氣流，並非禿鷹想要爬高的主因。第二章提過，處於高空能讓牠們搜尋食物的範圍變得非常廣大，而牠們會在找到食物時下滑。牠們跟許多鳥類一樣，擁有敏銳的遠距離視力。牠們可以在好幾公里外發現被獅子殺死的獵物，也會注意到其他禿鷹從各自的上升暖氣流飄向地面的目標。牠們吃完獵物，身體變得又飽又重之後，必須再次起飛。這時，牠

們就別無選擇，不得不耗費能量拍動翅膀，這樣才能離開地面，前往另一道上升暖氣流的底部。

海豚與企鵝在快速游泳時會躍出水面。這或許是一種節省能量的手段，因為空氣的阻力比水的阻力小（不過也有人提出其他可能的好處）。為了逃離鮪魚等泳速極快的掠食者，許多魚類也會跳到半空中。當一整群小魚這麼做，牠們落入水裡的樣子和聲音就彷彿一陣雨。有些所謂的飛魚還會把特大的鰭當成翅膀，藉此跳躍得更遠。牠們不會拍翅而是滑翔，有時候（藉由海浪的上升氣流）移動距離可達到驚人的兩百公尺，而且在回到水面之前的最高時速則有四十英里（約六十四公里）。

雖然飛魚確實不會像鳥那樣拍動翅膀，但在起飛時會擺動全身，效果也許就跟拍翅類似。魚是藉由扭動尾巴來游泳的。飛魚起飛時，最後離開水面的，就是仍在游泳的魚尾。偶爾在降落時，飛魚會迅速揮動特別長的尾鰭下葉以加快速度，在身體尚未完全浸入水中之前又再次起飛，藉此拉長滑翔距離。

對追逐獵物的鮪魚來說，飛魚會突然消失。這種現象稱為「全內反射」（total internal reflection），意思就是在下方的掠食者會看不見猛衝進空中的獵物。牠們（彷彿）消失在另一個維度，就像在電玩遊戲中按下了超空間傳送鈕。

通往曼德勒的路上，飛魚在海面徜徉
我有點訝異魚類竟未演化出真正的飛行能力（不斷保持
在空中）。也許再過數百萬年牠們就會了？

不幸的是，對飛魚而言，雖然牠們從鮪魚的世界中突然消失，卻也突然來到在外頭等待的鳥類世界，例如軍艦鳥。軍艦鳥能夠從水面捕魚，不過，牠們有許多食物都是掠奪而來的，也就是從空中偷走其他鳥類捉到的魚。在軍艦鳥眼中，飛魚一定很像鳥，有值得偷的東西。抓魚或搶奪海鷗的方式，想必非常類似。而且軍艦鳥在空中捕捉飛魚的技巧，確實也很熟練。軍艦鳥是黑色的，但身上經常露出一抹紅色，看起來就像史前翼手龍和惡魔的混種。難怪大衛·艾登堡會形容飛魚是進退兩難。

在我和我妹還小的時候，父親用許多F開頭的單字，為我們做了一首詩來敘述飛魚的困境：

Full forty furlongs from Faroes' furthest far-flung frosty foreshore,
fifty-five flying fish fled frantically for freedom from forty-five ferocious feathered fowls, flying fishes' fearfullest foe.
Forty feet further: flop.
Forty feet further: flop.
就在法羅群島最遠端，霜凍灘頭四十弗隆外，
五十五隻飛魚忙逃散，四十五隻飛禽狂追趕，飛魚

126

之敵可怖又凶殘。

再飛四十英尺，撲通。

再飛四十英尺，撲通。

Fortuitously forgot felonious frigates, Father?

碰巧忘記罪大惡極的軍艦鳥了嗎？父親？

烏賊也能游得很快，有些速度更快的種類，甚至獨立且趨同演化出飛魚的習性，原因也是為了躲避掠食者，而其中有趣的差異，在於這些軟體動物游泳與飛行的方向都是往後，並藉由噴射達到高速。牠們會從口中噴吐出強勁水流，像箭一樣迅速飛到空中。牠們能夠以這種方式移動至少三十公尺，大約三秒鐘後落回海裡。

為了方便，我們會將滑翔和動力飛行分開，以個別章節討論。然而，這兩者之間的區別其實有點模糊。就算是習慣在上升暖氣流中爬高，並沿著街道滑翔至下一道上升暖氣流的鳥類，偶爾還是會拍動翅膀飛行。信天翁也是。接下來兩章，我們要探討真正的動力飛行，而這種動力能夠持續運作而讓主體留在空中，包括鳥類的肌力，以及飛機之內燃機或噴射引擎的動力。

動力飛行及其原理

Powered Flight and How It Works

靈巧的飛行士兵
為什麼是「士兵」？這麼奇妙的機器一定
能有更好的用途吧？

Chapter *7*

動力飛行及其原理

　　現在，我們已經知道大表面積能夠讓你輕鬆又省力地藉由滑翔、爬升或飄動而留在空中。不過，要是你願意努力，就能開啟更多對抗地心引力的機會。主要的方式有二。第一種是把自己筆直往上推。直升機、火箭、無人機，都採用這種直接又明顯的方法。氣墊船的空氣由朝向下方的螺旋槳提供，外側則有一層圍裙或氣幕。垂直起飛的噴射機，則是向下噴出空氣以使飛機離地。2019年法國國慶日，驚人的「飛行士兵」飛到了巴黎的空中，而這類特技飛行員也是採用類似的作法。

　　達文西在許多方面都領先於他所處的時代，其設計中包括了一種直升機的先驅。遺憾的是那種設計不可能成功，其中一個原因就是它仰賴人力。人類的肌力太弱，無法抬升自己和機器的重量。現代直升機是以強而

有力的引擎燃燒大量化石燃料，藉此驅動噠噠作響的巨大旋翼。有角度的葉片會產生向下吹的強風，直接將直升機往上推。

　　直升機的尾部也額外需要一具側向的螺旋槳（或是有相同效果的東西），避免整架機身如陀螺般旋轉。達文西似乎忽略了這一點。鷂式戰鬥機及其後續者因為沒有旋翼，所以不需要尾槳。為了將飛機推離地面，噴嘴會轉向下方以獲得升力。離開地面後，飛機則將噴射氣流往後推送，藉此向前飛。接著，它就會跟一般飛機一樣從機翼得到升力。至於一般飛機是如何獲取升力的？這個問題比較複雜，我們現在就來探討。

　　跟直升機不同的是，一般飛機會藉由迅速向前移動來取得升力。它們利用螺旋槳或噴射引擎驅動前進。急速通過機翼的氣流會產生一種效應，以兩種方式抬升飛機，而這兩種方式對飛行生物和人造航空器都很重要。其中最明顯也最關鍵的，稱為「牛頓方式」。飛機的速度會產生一陣風來推擠機翼，由於機翼稍微往上傾斜，所以飛機高速前進時就會被風抬起。如果你在汽車快速行駛時將手伸出窗外，也會感覺到這種效應。你可以稍微讓手向上傾斜，感受手臂被往上推（倘若有其他車輛會誤解你在做手勢時，就別這麼做）。這就能明顯解釋機翼的運作，即牛頓方式。飛機主要就是藉此獲得升力

或許這不算是達文西最精巧的發明
即使有四個人在絞盤周圍全速奔跑，這個裝置也完
全不會離地。

的。即使機翼只是略微上斜的平板，這種方式也能成
功，因此我們也可以稱其為「平板方式」。

　　然而，這當中還存在著某種不太明顯的因素。機翼
迅速前進時，還會透過第二種方式提供升力。此方式
是以十八世紀瑞士數學家丹尼爾・伯努利（Daniel Ber-

noulli）來命名。許多人都不完全明白這兩種方式是如何搭配運作的，甚至包括某些教科書作者。幸好，就算我們很難用簡單的話語解釋這些原理的複雜概念，飛機仍然能留在空中。

現在我們就來探討伯努利方式，也就是機翼提供升力的第二種方式。你一定早就察覺到，現代班機的機翼並非平板，而是具有某種巧妙的外型。前緣比後緣更厚。此外，機翼剖面的形狀，也是一種精心打造的曲線，這就是為了利用伯努利原理，要在空氣快速通過機翼表面時取得升力。

伯努利原理指出，流體（氣體和液體都算是「流體」）經過表面時，表面上的壓力會減少。我會試著在本章結尾解釋這個概念。浴簾會被你吸住，讓你覺得很黏，就是因為這個原理。為了避免這種情況發生，浴缸的外緣通常會再加上第二道浴簾。此例中的伯努利流，是由落下的水產生往下吹的風。想像在一道浴簾的兩側，各有一個朝著下方的蓮蓬頭，其中一邊的水流比另一邊快。根據伯努利原理，浴簾會被「吸」向流速較快的那一側。（我把「吸」加上引號的原因，在於我們認為的吸力其實是來自另一側較高的壓力。）

當然，機翼在空氣中急速前進時就會遇到風。只要朝向盛行風，飛機在起飛時都能獲得額外的助力。依照

伯努利原理，吸力的強度取決於風經過時的表面形狀。在有弧度的機翼上表面，空氣流動的速度會比較為平坦的下表面更快。回想一下浴簾兩側蓮蓬頭流速不同的例子。同理，由於上表面的壓力比較低，所以機翼會被往上吸。

彎曲的機翼上表面，到底為何會讓空氣流動得更快，原因其實相當複雜。以前有人認為，當兩個分子一上一下從機翼前緣出發，它們就會不可思議地同時抵達後緣。換句話說，經過彎曲上表面的分子，由於要移動的距離較遠，所以速度必須更快——他們是這麼以為的。但這是錯的。事實上，兩個分子並不會同時抵達機翼後緣，況且它們也沒理由要同時到達。不過，空氣分子確實會緊貼著有弧度的上表面，而非沿切線飛走，它們在彎曲上表面的移動速度，也確實比平坦下表面更快，此外，伯努利效應也確實因此提供了一定的升力。

話雖如此，我必須強調，伯努利效應對升力的影響，並不如先前提到的第一種效應（也就是「平板」或牛頓效應）那麼重要。如果伯努利升力是最關鍵的因素，那麼飛機就不可能上下顛倒著飛，但它們（至少小型飛機）卻可以。

我剛才說，空氣分子會「緊貼」有弧度的上表面而非沿切線飛走。這只是部分事實。如果攻角（angle of

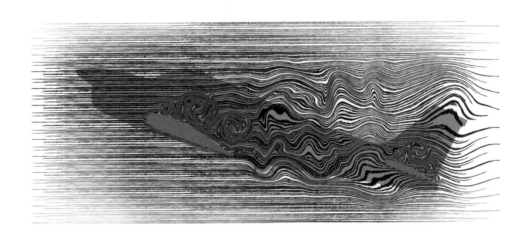

失速的飛機
一架失速飛機所遭遇的亂流模式。

attack）過高，也就是機翼過度往上傾斜，空氣分子就
不會「緊貼」機翼順暢流動，而是打轉形成可怕的亂流
模式。伯努利吸力會被破壞，飛機則突然失去升力，亦
即所謂的失速（stall）。失速很危險，因此駕駛員必須
設法重新取得升力，藉由降低攻角（通常是讓機鼻向下
傾斜一些）以使空氣順暢地流經機翼的上表面。

　　現在，我們來解釋剛才提到的「攻角」，以及一些
跟飛行有關的術語。攻角是指機翼相對於氣流的角度。
別把它跟相對於地面的「俯仰角」（pitch）搞混了。飛

機起飛時，仰角很高，所以要是你不遵守規定而把飲料放在餐桌上，就可能會被灑得滿身都是。在這種情況下，攻角也很高。但仰角高不一定等於攻角高。接近垂直爬升的戰鬥機仰角很高，但攻角卻很低，原因在於急速通過機翼的氣流，幾乎是垂直向下。

「俯仰」可以當名詞，也可以當動詞。航空器相對於地面的角度向下或向上傾斜時，就可稱為「俯仰」。當一側機翼傾斜向下，另一側傾斜向上，這就叫「滾轉」（roll）。駕駛員會藉由機翼後方可轉動的副翼（aileron）來控制滾轉，也會利用尾翼上可轉動的水平表面來控制俯仰。第三個重要的定義是「偏航」（yaw），指飛機往左或往右轉。駕駛員是透過尾翼後方的垂直方向舵（rudder）控制偏航。當然，飛行動物也會做出俯仰、滾轉、偏航的動作。

目前我討論的主要是固定翼飛機，因為固定翼的理論比較簡單。儘管如此，它的概念仍然很困難。萊特兄弟和另外幾個早期的飛機設計師，都使用了「翹曲機翼」（wing warping），這是一種巧妙的系統，藉由繩索與滑輪來扭曲左翼或右翼的形狀，以操控飛機。現今，翹曲機翼已被可轉動的副翼取代。至於鳥類的翅膀，針對其獲得升力和正推力的理論計算，要比固定翼飛機困難許多。鳥類不只能拍動翅膀，牠們的翅膀還會不斷改

變形狀，靈敏地調整；我想，這也算是翹曲機翼的一種形式吧。拍翅和變形導致鳥類飛行的數學運算極其複雜，但我們可以說，鳥翅與機翼都是透過牛頓和伯努利這兩種方式取得升力，只是牽涉的因素更為繁複。之後我們會再探討這一點。先回到失速的問題上，鳥類和飛機都會發生這種情況。

飛機會使用特別的裝置來降低失速的風險，其中一種是「縫翼」（wing slat）。縫翼就像是附加的小型機翼，巧妙地裝設於主翼前緣，留下能夠調整的空隙，稱為翼縫（slot）。前緣縫翼可將一些原本要流往別處的空氣，透過翼縫導向主翼的上表面。這會將機翼上表面開始產生亂流的臨界點往後推，以預先阻止失速。縫翼可以增加失速攻角。一般飛行時，縫翼會摺疊收好。駕駛員會在起飛與降落時使用它們，因為此時攻角最大，飛機的速度也最慢。現代客機的機翼尖端，有時也會加上一段漂亮的彎曲部分，這能減少亂流和阻力，偶爾也可在鳥類的翅膀上見到。

會失速的不只有飛機。鳥類是有生命的航空器，因此也不例外。牠們跟飛機一樣擁有縫翼嗎？算是吧。許多高飛的鳥類在翼尖附近的羽毛之間，有明顯的空隙，似乎就是這種用途。禿鷹和老鷹是絕佳的例子。翅膀外緣的大型主翼羽會展開，並留下明顯的縫隙。這些大型

飛機和鳥類必須面對一樣的物理學規則
兩者有類似但不完全相同的解決之道。

主翼羽，每一根就像是小型的翅膀或縫翼。這對於在上
升暖氣流裡爬升的鳥類來說，或許格外重要，因為牠們
得在受冷空氣包圍的暖空氣窄圓柱裡移動。為了避免超
出上升暖氣流的範圍，禿鷹必須以小圈繞行。這表示外
翼移動的速度比內翼快，因此提供的升力較少，有失速
的風險。此時，在翼尖展開的羽毛就特別實用，能夠在
較靠近上升暖氣流中央的翅膀部分，發揮縫翼的效果。

　　為了使機翼更完美，工程師往往會在風洞裡測試各

種設計（通常是縮小版的複製品）。雖然複製品不是在空氣中高速前進，但讓強風吹過靜止不動的飛機或機翼，也能達到同樣的效果。有時候，他們會在機翼頂部加上小塊的布，藉此觀察空氣流動，尤其是更改機翼形狀或變動攻角時的亂流情況。當模型機翼開始失速，布料會往上升，就像白鷺失速時翅膀後側的羽毛。如果想要改善這類應對亂流的設計，通常在風洞測試會比較容易，透過數學計算則困難至極。此外，比起建造與試飛一系列不同機翼形狀的飛機，利用風洞比較安全，成本也更為低廉。當然，鳥類能擁有完美的翅膀，並不是因為某人做了複雜的運算，也不是藉由風洞的反覆試驗，而是不斷在現實的嘗試與錯誤中改善。至於現實中的「錯誤」，或許會比風洞測試的失敗嚴重許多。這說不定會導致意外死亡，就算沒那麼誇張，也可能降低壽命與繁殖機率。

達文西從鳥類身上得到靈感，設計了一些外觀有如現代滑翔翼的航空器。他也設計了「撲翼機」（ornitho-pter），這種航空器具有以人力拍動的機翼。這些撲翼機就跟達文西的直升機一樣不可能成功，不過，他的滑翔機或許有用。

撲翼機飛行所需的能量，超過人類力量所及。人力飛行一直要到二十世紀晚期才出現，因為那時我們才

鳥類的受控失速

鳥類不只會失速，有時還會刻意利用失速來幫助自己降落。像蒼鷺或白鷺這種大型鳥要降落時，你就能看見失速亂流抬起其翅膀後方的羽毛。

達文西精心設計的撲翼機
這也許能當成滑翔翼。然而,以人力拍動機翼是行不通
的。

開發出超輕材料,彌補了力量相對不足的弱點。可想而
知,人力飛行終於成功時,我們所用的機器並不會拍動
翅膀,而且好不容易才能勉強留在空中。

　最令人驚歎的大概就是保羅・麥卡克萊迪(Paul
MacCready)所設計的輕盈信天翁(Gossamer Alba-
tross)了,他是一位傑出的發明者,我曾經有幸拜訪他
在加州的家。

→ 順帶一提，當時他向我解釋自己對流線型
設計的熱情。他發起的其中一項運動是針對
汽車，認為它們設計的外觀雖然讓潛在買家覺
得看起來很流線，但遺憾的是並非如此。尤其
是汽車的底部都未設計成流線型，部分原因可
能是那裡看不見，所以再怎麼好看也不會提升
銷售量。流線型對於游泳和飛行的動物極為重
要。如果你曾在野外或水族館見過企鵝或海豚
游泳，大概會很羨慕牠們的速度。相較之下，
游泳的人類就顯得遲緩無比，就算是刻意弄得
全身光滑的奧運冠軍也一樣。海豚只要稍微擺
動一下尾巴，就能在水中飛快前進，彷彿經過
高度潤滑似的。這麼說其實也不算錯。牠們身
體的形狀極為流線，還會以皮屑脫落的形式持
續蛻皮，每隔兩小時就會換掉外層的皮膚；這
種方式能夠減少會拖慢速度的微小渦流。

話題回到輕盈信天翁，它的動力來自一位有經驗的
自行車運動員，他踩踏著一輛改造過的自行車以驅動
螺旋槳，在1979年從英國出發並成功橫越了英吉利海
峽，但非常勉強。踩踏的駕駛員是位健壯的年輕人，他

的體力達到極限，在看到法國海岸時差點就累倒了。這架航空器的時速在每小時七英里至十八英里（約十一公里至二十九公里）之間，距離海面的高度則只有幾公尺，正好適合「信天翁」這個名稱。麥卡克萊迪跟萊特兄弟一樣，在信天翁主翼的前方額外加裝了一副穩定翼，螺旋槳則朝向後方。另一個符合名稱的特徵是機翼又長又窄，翼展將近三十公尺；而且它的重量極輕，只有九十八公斤，其中超過一半都是駕駛員的體重。

麥卡克萊迪盡其所能削減這部航空器不必要的重量，就連用於接合各零件的黏著劑，也是特製的超輕材

輕盈信天翁
憑藉人力踩踏來橫越英吉利海峽的輕盈信天翁，只能勉強承受駕駛員的體重留在空中。飛行會消耗非常大量的精力，恰好是人類肌肉所能達到的極限。

質：重量就是那麼重要！同樣地，飛行動物也是愈輕愈好。鳥類、蝙蝠、翼龍的骨頭都是中空，這又涉及了一方面要讓骨頭盡量輕巧，另一方面則要不容易斷裂的取捨問題。你可能不覺得牙齒會有多重，但鳥類會失去祖先的牙齒，大概就是因為它們比後來取而代之的角質喙更重。航空器的速度愈快，流線的外形就更重要。如果你好奇原因，這是因為空氣阻力和速度的平方成正比。難怪無論是美國、歐洲或俄羅斯設計的現代客機，看起來都一樣。這不只是工業間諜的因素。所有國家的工程

師都必須應付相同的物理定律。早期飛機速度較慢的時候，各國的設計還沒這麼一致。

在輕盈信天翁之後，保羅・麥卡克萊迪繼續執行了其他飛行計畫，例如太陽挑戰者（Solar Challenger）這架以太陽能驅動的航空器。這個挑戰者同樣也是超輕又超流線型。它的機翼和尾翼上布滿太陽能板，用以驅動一具相當大型的螺旋槳。它的時速可達每小時四十英里（約六十四公里），飛行高度超過四千公尺。後來的太陽能飛機甚至能夠繞行全世界，但不是一次完成（這是人的因素，畢竟一趟旅程就要好幾週的時間）。不過，它們在夜晚也能像白天一樣飛行，因為電池在日間就由太陽充電了。

輕盈信天翁將人類的肌力發揮到極限，實現了達文西的那些機器想要做到卻無法完成的事，而且也不必像達文西設計的撲翼機那樣如鳥類拍動翅膀。輕盈信天翁利用人力驅動螺旋槳前進。升力則藉由向前移動而間接獲得。

萊特兄弟於1903年首度使用內燃機完成動力飛行。噴射引擎隨後在1930年代出現。驚人的是，從萊特兄弟開創性的成就，到第一次超音速飛行之間只過了四十年。而且才二十年後，人類竟然就被拋向了月球並返回，我是刻意用「拋」這個字的。火箭會往東方發

射，借助地球的自轉速度將其拋入軌道。歐洲太空總署（European Space Agency）位於法屬圭亞那的發射台，就是為了利用此因素而刻意選擇的好地點，因為那裡接近赤道，最適合利用地球自轉來幫助火箭進入軌道。

→ 順帶一提，如果你好奇伯努利原理到底如何運作，這裡會提供非常簡單的解釋，而且不使用數學符號。首先，我們要從分子的層面來了解氣壓。一片表面上的壓力，是數兆個分子碰撞的總和。空氣分子會不斷往四面八方高速移動，在碰撞東西時朝不同的方向彈開，例如撞到彼此或是所謂的表面。當你吹起派對用的氣球，內表面承受的壓力會比外面大。在內部，每立方公分的空氣分子數目比外部更多，因此每平方公分的橡膠內表面，會比外表面受到更多的分子撞擊。你臉上所感受到的風，也是分子撞擊。

假設有一張卡片，一面是紅色，另一面是綠色。在平靜無風的日子，卡片兩面所受到的分子撞擊率都一樣。不過，要是你舉起卡片讓紅色的一側面向風，此處的分子撞擊率就會增加，你也能感受到風推向卡片的壓力。到這裡

都還算簡單。接下來就是稍微複雜一點的伯努利原理了。

將卡片翻轉到水平，紅色朝上，現在風就會吹過卡片（的兩側）。空氣分子仍然會隨機移動，在碰撞到彼此或卡片的兩側表面時彈開。雖然分子的移動大多仍屬隨機，但現在有許多都會跟隨風的方向。這表示撞擊兩側表面的分子變少了──它們會從卡片附近高速經過。也就是說，兩側表面上的壓力減少了，因此卡片不會上升或下降。最後，或許你可以利用兩支吹風機，讓吹過紅色表面的風比吹過綠色表面的風更快。紅色表面上的壓力會變得比綠色表面上的壓力更低，此時卡片就會上升了。

Chapter *8*

動物的動力飛行

Powered Flight in Animals

Chapter *8*
動物的動力飛行

　　動物的飛行比人類的機器更為複雜，也更難理解。
部分原因是拍動的翅膀除了能驅使動物前進（飛機的
原理），同時也會將空氣往下推（這比較像直升機）。
如果你觀看飛鳥的慢動作影片（有時甚至連慢動作都不
一定能看得出來），就會發現翅膀不是只有上下拍動而
已。翅膀的曲度，以及柔韌可彎曲的羽毛，都會推動
鳥類前進，這等於是以我們在第七章討論過的牛頓與伯
努利方式來獲得升力。同時，翅膀的下拍也會使本身產
生升力，類似我們在第七章開頭提到的直升機。至於上
拍，這並不會如我們天真以為的那樣造成反效果而影響
飛行。其中一個原因是翅膀能彎曲，另一個原因則是它
會在上拍時扭轉，使肘部和腕部關節向內縮，此時翅膀
的面積就比強力下拍時更小。

　　鳥類及其他飛行動物身上沒有螺旋槳或噴射引擎，牠們是利用翅膀來推動自己前進，並直接提供升力。這跟人造飛機不同，因為機翼只能提供升力，無法推動前進。企鵝則是另一種極端，牠們的翅膀僅用於推進而不提供升力，不過，這當然是因為牠們在水裡而非空中。企鵝能夠浮起，比水更輕，因此不需要藉由翅膀取得升力。牠們反倒是運用翅膀在水下「飛行」。雖然企鵝在陸地上只會以緩慢笨拙的步態搖擺行走，卻能跟海豚一樣如閃電般穿梭於水中，只是海豚的推進方式不同──上下擺尾。海豚和企鵝的身體都是漂亮的流線型。企鵝的祖先會在空中飛行，早已演化出了流線型的外表。

　　其他海鳥也會運用翅膀在水下飛行，例如海鸚（puffing）、塘鵝、刀嘴海雀（razorbill）、海鳩（guille-mot）。然而，跟企鵝不同的是，牠們也能藉由翅膀在空中飛翔。最適合空中與最適合水中的翅膀不一樣。在水下飛行時，翅膀小一點比較好。海鸚和海鳩必須找到妥協，而企鵝因為放棄了在空中飛行，所以能夠演化出只適合在水中使用的完美翅膀。海鸚的翅膀小於在空中飛行時的理想尺寸，因此必須以非常快速且耗力的振翅頻率來彌補。同時，牠們的翅膀要用於游泳又會稍嫌過大。這再度證明了演化的妥協原則。

鷗鶩的翅膀主要是為了飛翔，因此在水下的幫助不多，而牠們會藉由特大的足部推進。已經絕種的大海雀（great auk）是海鳩／刀嘴海雀的親戚，牠們不會飛行，翅膀跟企鵝一樣專用於游泳。有時，大海雀也被稱為「北極大企鵝」，雖然牠們的拉丁文名稱叫*Pinguinus*，但跟企鵝的親緣關係其實不近。牠們的翅膀小到無法飛行，這一點非常類似於企鵝。你大概可以想像牠們的北方刀嘴海雀祖先這麼說：「哎呀，別再想著要在空中，又要在水中飛行了。我們就放棄空中，專心在水中。這樣才能真正專精一件事。」

　　很可惜，你和我正好錯過了見到大海雀的機會。牠們一直存活到十九世紀，又是因為人類而滅絕。也許我們的子孫以後有機會看到大海雀，因為科學家已經透過哥本哈根某博物館中的一具標本，為大海雀的基因組定序。一位同事說，或許我們某天就能運用新的基因編輯技術，來編輯刀嘴海雀的基因組，再將其植入幾隻鵝的生殖腺，然後從牠們的蛋中孵出大海雀。

　　回到空中飛行的主題。推進時，翅膀就有點像是在空中划船。蜂鳥能將此發揮到極致，以高速划槳的動作發出蜂鳴（嗡嗡聲），而且翅膀在上拍時的形狀幾乎是完全顛倒的。牠們翅膀的上拍與下拍幾乎一樣有效率，因此能夠如直升機般懸停，也可以往後飛、側飛，甚

北極大企鵝
唉，大海雀在十九世紀就滅絕了。

蜂鳥鷹蛾

看見這隻天蛾並聽見牠拍翅的嗡嗡
聲時，你可能會以為牠是蜂鳥。蜂
鳥鷹蛾能做出跟蜂鳥一樣的動作，
因此算是趨同演化。

至偶爾還會上下顛倒著飛。懸停是鳥類演化出的重要能
力。以前，昆蟲因為能夠停留在花朵上而壟斷了花蜜。
鳥類太重了，但後來牠們發明了懸停。舊世界（亞歐非
大陸）的太陽鳥（Sunbird），相當於是新世界（美洲）
的蜂鳥。太陽鳥當中只有一些種類能夠懸停。某些長了
特殊突出物的花朵，似乎就是為了讓太陽鳥停留而設計
的。昆蟲中的懸停冠軍是食蚜蠅（hoverfly）。有些名

為蜂鳥鷹蛾（hummingbird hawk-moth，又稱長喙天蛾）的蛾類，也善於懸停並利用特長的舌頭吸食花蜜。牠們是因為跟蜂鳥相似而有此名稱，這也是另一個趨同演化的好例子。蜻蜓也是懸停高手，並可能因此在洋涇濱英語中得到了「耶穌的直升機」（Helicopter Belong Jesus）這個外號。

即使以慢動作影片觀察鳥類飛行，我們也很難把向下推的「直升機」元素和向前推進的「飛機」元素分隔開來。每種鳥類著重的地方都不一樣，例如，在起飛時重視「直升機」元素（以跳躍當成助力），接著在平飛時注重「飛機」元素。不同種類的鳥，各有其擅長的元素。蜂鳥不是唯一的「直升機」專家。非洲和亞洲的斑翡翠（pied kingfisher，又稱斑魚狗）是能夠真正維持懸停一段時間的最大型鳥類。其他翠鳥會飛落停留以尋找魚跡，斑翡翠則是直接懸停在空中這麼做，就像一隻巨大的蜂鳥，但牠們的大翅膀不會發出嗡嗡聲。

紅隼（kestrel）在搜尋獵物時，會以一種不同的方式懸停，而有些比較講究的人則認為這根本不算懸停。事實上，紅隼所做的是面對風以同樣的速度飛行，只是方向完全相反。這表示牠們的地速（ground speed）為零，空速（airspeed，與迎面風相對的速度）則快到足以獲得升力。類似直升機的斑翡翠與蜂鳥，不需要風就

能夠懸停。

　　鳥類上下拍動翅膀時，分別會用到不同的肌肉。胸大肌（pectoralis major，或稱bigger pec）負責下拍。這些肌肉最多可占體重的15%至20%。正如我們之前討論過的大天使加百列和飛馬佩加索斯，鳥類也需要較大的胸骨或龍骨突，才能讓胸大肌附著。你可能以為控制上拍的肌肉一定位於翅膀上方，而且蝙蝠就是如此。然而，鳥類卻不是。喙上肌（supracoracoideus muscles）在翅膀下方，會藉由肩上的「繩索」（肌腱）與「滑輪」將翅膀往上拉。其他肌肉會扭轉翅膀的角度，有些則是透過彎曲腕關節和肘關節，來改變翅膀的形狀。

　　我本來可以在第六章以滑翔為主題的章節中討論信天翁，因為牠們多半都在高空翱翔以及在海面滑翔。不過，由於牠們會運用到那時還沒解釋過的原理，所以等到現在再說明比較適合。信天翁是省力飛行高手。牠們一生飛行的距離，可能超過一百萬英里（一百六十萬公里），繞過南半球一圈又一圈。信天翁不靠上升暖氣流，而是藉由海上自然產生的風流來取得升力。牠們會在低空滑翔，有時行進好幾百公里都不落地，而且很少拍動翅膀，只消耗極低的能量。體型最大的是漂泊信天翁，生活於南冰洋，牠們會利用盛行風，只朝著同一個方向不斷繞行地球。

　　信天翁無法只讓風將自己吹起，因為這樣得不到升力。牠們需要借助等同於上升暖氣流的效果來爬高，然後再滑翔向下。因此，牠們會在順風滑翔和逆風爬升之間輪流轉換。在海面附近碰到相對較慢的風時，牠們會像飛機一樣藉由牛頓與伯努利方式獲取升力。這會將牠們推至高處，接著牠們就會再次順風下滑，以便讓更快的風把自己吹得更高。在交替循環的這個階段，牠們會失去高度，就像離開上升暖氣流的禿鷹，或是從樹頂飄下的鼯猴。當信天翁下降到風速較慢的海面附近時，就會轉身面向風，再次爬高。這種循環會無限重複。牠們也會巧妙調整自己的飛行表面，以利用海浪引發的渦流及上升氣流。這些由海浪產生的上升氣流，不如上升暖氣流穩定，比較沒有規律。若要利用它們，就必須隨時敏感地調整飛行表面，這只能透過複雜的「電子學」──先進的神經系統。

　　對信天翁這類熟練但體型特大的滑翔者而言，起飛是一種麻煩。雖然信天翁能夠拍動翅膀，但拍翅飛行會耗費許多能量，而且對大型鳥類來說非常吃力。從陸地起飛時，牠們採取的方式跟飛機差不多。牠們會在「跑道」上迎風奔跑，直到空速足以拉起翅膀。在信天翁的繁殖地，確實明顯有像是飛機所使用的跑道；我曾在加拉巴哥群島和紐西蘭見過。跟飛機不同的是，牠們也會

拍動翅膀以增加升力。雖然牠們在海上能夠借助波浪滑翔極遠的距離，不過，偶爾還是會為了捕魚或休息而降落。同樣地，起飛又是個麻煩。牠們會盡全力拍動翅膀並在水面快速奔跑，就像舊式的桑德蘭水上飛機（Sunderland Flying Boat）那樣費勁起飛（不同的是牠們還能額外拍動翅膀）。天鵝的體型夠大，同樣也會遇到從水面吃力起飛的問題。我經常聽見牠們規律振翅的聲響，然後趕去看著牠們緩慢而辛苦地從我家窗外的牛津運河水面起飛。

→ 順帶一提，鳥類能夠在水面奔跑或許令人驚奇，但這並不罕見。我們已經知道，鳥類能擁有硬挺的翅膀，是因為羽毛而非骨頭。這（續下頁）

牛津運河上的天鵝
大鳥要起飛很費力。
但牠們還是飛得起來。

表示，牠們的翅膀不會像蝙蝠或翼龍那樣連繫著後腿。因此，鳥腿可以自由跑動。許多鳥類的腿部都強而有力，能夠跑得很快，例如鴕鳥的速度就高達每小時四十五英里（約七十二公里）。強健的雙腿能讓某些鳥類在水面上奔跑。蜥蜴是鳥類的遠親，有些蛇怪蜥蜴（basilisk lizard），例如在南美洲和中美洲有一種恰如其名的耶穌蜥蜴（Jesus Christ lizard），就能藉由強壯的後肢疾速跑過水面，時速可達十五英里（約二十四公里），幾乎跟在陸地奔跑時一樣快。北美洲的西鸊鷉（Western grebe）會跳一種華麗又滑稽的求偶舞：雄性和雌性同時跑在水面上，速度快到只有腳和尾巴碰到水面。信天翁也會運用類似的能力從海面奔跑起飛，只是牠們更加費勁。牠們擁有很大的蹼足，這一定也有幫助。鸊鷉的足部不算是蹼，但每根腳趾都有像是樹葉的瓣狀物，也能達到差不多的效果。

昆蟲曾經是無庸置疑的空中霸主，這個地位維持了將近兩億年，直到翼龍等脊椎動物加入。我很好奇，為何脊椎動物花了這麼久的時間才能飛。

　　我常想，如果有一種能夠帶來好處的全新能力（亦即生活方式或技巧），一定會有某種動物很快就演化出來。飛行的好處這麼多，像是逃離掠食者、從空中覓食、長距離遷徙、邊飛邊抓蟲，以及我們在第二章論及的一切，然而，脊椎動物竟然沒能早點學會這件事。依據第四章的內容，我猜這可能是因為昆蟲體積小，才能這麼早就進入空中。

　　在三億年前左右的石炭紀（Carboniferous）期間，形成了如今的大部分煤田，而當時存在著特大型的蜻蜓，以長達七十公分的翼展在巨大的蕨類和石松之間飛掠。但我不太確定用「飛掠」一詞來形容這種龐然大物是否適合。

　　也許你曾在麥可・克萊頓（Michael Crichton）的科幻驚悚小說《侏羅紀公園》（Jurassic Park）中發現一個有趣的小錯誤。冒險者遇到了翼展有一公尺長的蜻蜓。作者似乎太投入於故事中，忽略了書中聰明的基本概念：侏羅紀公園的科學家，從琥珀中蚊子所吸的血液擷取DNA，培育出許多生物。可是蚊子不會吸蜻蜓的血，此外，琥珀所保存最古老的昆蟲，也比石炭紀的巨型蜻蜓晚了一億年才出現。

　　一些資料來源的證據顯示，石炭紀的蜻蜓會長得那麼巨大，只有一個原因：當時大氣裡的氧氣含量較高。

根據估計，最高可能有35%，今日則是21%。昆蟲的系統必須將空氣輸送至全身，而不只是肺部，因此只能在相對較小的體型上發揮效率。含氧量較高的大氣會提高體型的上限。氧氣濃度較高，森林與草原大火（由閃電引燃）發生的頻率，一定也會更高。或許巨大蜻蜓就是利用大翅膀逃離無處不在的火災。跟牠們同時期的爬行生物，運氣就沒這麼好了，例如長達二・五公尺的石炭紀巨大馬陸，或是肺蠍（*Pulmonoscorpius*）這種體長七十公分的巨型蠍子──對我來說，這些生物就有如惡夢。至於引螈（*Eryops*），如果把牠們稱為巨大的蠑螈，聽起來可能沒什麼威脅性，但其實牠們是貪婪的肉食性動物，身長最多有三公尺，在石炭紀過著如鱷魚般的生活。

昆蟲沒有骨頭。如果想更了解牠們的骨骼，你可以觀察體型比牠們更大的親戚，例如龍蝦。在牠們身上替代骨頭的，是一套粗硬有關節的管子，稱為外骨骼（exoskeleton），裡面容納著身體柔軟濕潤的部位。

昆蟲的翅膀不像鳥翅是從手臂改造而來，而是從外骨骼長出的一種薄狀物，可在與胸壁的連接處如絞鏈般轉動。抬升翅膀的肌肉會於體壁內側，將翅膀近端向下拉，讓翅膀像槓桿一樣升起。在少數大型昆蟲（例如蜻蜓）身上，下拍是由鉸鏈遠端的肌肉執行，這一點並

不意外。然而，有更多昆蟲都是藉由一種沒那麼明顯的方式下拍翅膀。分布於胸部的肌肉會收縮，使胸部背板向上拱起，這產生了間接效果，以槓桿方式使翅膀向下拍，就像裝了鉸鏈在胸部轉動。

昆蟲的振翅頻率高得驚人，某些蠓蟲每秒可達一千零四十六次，頻率比中央C高了兩個八度。這就是你在被蚊子叮之前聽到的惱人噪音；這聲音被詩人Ｄ・Ｈ・勞倫斯（D. H. Lawrence）稱為「可憎的小喇叭」。你應該能想像要達到這種頻率有多麼困難，因為神經每秒鐘都要交替地命令翅膀肌肉「上下上下上下」一千次。但它們不會這樣做。這些昆蟲擁有振動肌，能夠自發地振動，彷彿一種高速震顫。蚋或蚊或黃蜂的飛行肌肉，就有如小型活塞引擎，不是開啟就是關閉。中樞神經系統不會給出「上下上下」的交替指令，而是直接指示「飛行」（打開振動引擎），經過一段時間後則下令「停止飛行」（關閉引擎）。沒有節流閥，沒有油門；在開啟的整段期間，肌肉引擎會以固定的頻率振動，這取決於翅膀的「共振頻率」。翅膀就有如以固定頻率擺動的鐘擺，但是比任何時鐘的鐘擺都快上許多。如同鐘擺的運作原理，假設你把翅膀切短，振翅頻率就會大幅上升。不過，當蚊子在耳邊飛鳴，或是大黃蜂在花圃發出嗡嗡聲時，我們聽到的聲音似乎會改變。這主要是因為

巨型水蟲
具有振翅肌肉引擎
的最大型昆蟲。小
心牠的下顎！

昆蟲改變方向時，所謂的慣性效應也改變了「鐘擺」的
模式。從速度更慢的層面來看，這也正是為何約翰‧哈
里森的航海鐘會成為重大突破。在搖晃的船上，擺鐘就
會不精準。

　　某些如蜻蜓和蝗蟲之類的大型昆蟲就完全不同。牠
們跟鳥類一樣，每次上拍與每次下拍，都是由中樞神經
系統分別發出指令。幾乎只有小型昆蟲會使用像是振動
引擎的肌肉，但並非全部。那些會這麼做的昆蟲之中，

體型最大的可能是巨型水蟲——giant water bug，順帶一提，雖然「bug」這個詞經常用於指稱任何昆蟲，甚至是細菌或病毒，但它其實是很嚴謹的動物學術語，僅限於描述半翅目（Hemiptera）中以吸吮進食的昆蟲。巨型水蟲是令人生畏的熱帶生物，雖然沒有毒，卻能咬得讓你疼痛不已。牠們主要生活在水中，但是可以飛，而牠們所使用的就是振動飛行肌肉引擎。由於牠們體型很大，所以我的牛津大學教授「歡笑約翰」普林格（Pringle，他會有這個綽號是因為他幾乎不笑）才會選擇牠們來研究振動肌。如果研究一隻蚋的肌纖維，你大概很難看出什麼。

　　蝙蝠是唯一能夠真正飛行的哺乳動物，其拍翅方式與鳥類相似。雖然蝙蝠的翅膀少了可以彎曲而產生助力的羽毛，但牠們像皮革的翼膜還藏了一記妙招。除了控制拍翅以及手指間距的主要肌肉，牠們翅膀的皮膚上還嵌有一排排如細絲般的肌肉。其實，我不知道這些名叫*plagiopatagiales*（我也不清楚怎麼發音）的肌肉，是否演化自所有哺乳動物皮膚上用於豎起毛髮的肌肉（會讓我們在寒冷時起雞皮疙瘩的那種；這是自遠古遺留下來的特徵，當時我們身上還有足夠的體毛能保暖）。無論來源為何，那些肌肉似乎是用於調整蝙蝠飛行表面上不同部位的張力。另一個功能或許是以有別於鳥類的方式

彎曲翅膀。這些肌肉在皮膚內負責細微調整，加上手指活動的大幅度調整，讓蝙蝠能夠靈巧地控制飛行表面。如此精密的控制，對蝙蝠這種迅速飛行的獵食者可能相當重要。的確，身上充滿高科技雷達（其實是聲納）儀器的蝙蝠，使我聯想到了高性能戰鬥機。我指的是小型蝙蝠。體型大的果蝠（包括狐蝠），並不需要高速操控性，因為牠們不必像獵食昆蟲的小型蝙蝠那樣追逐移動的目標。水果可不會逃跑。

→ 順帶一提，大型果蝠和小型蝙蝠的不同之處，在於牠們擁有一雙大眼睛。而且，果蝠沒有聲納；或是這種能力發展得很差，並以不同方式運用──這暗示著趨同演化的可能。果蝠是哺乳動物，但牠的外觀讓我想到了翼龍。翼龍有聲納嗎？某些翼龍的眼睛很大，這表示牠們在夜間飛行時可能是依靠視力。此外，我也很好奇已絕種且類似海豚的爬行動物「魚龍」（*ichthyosaur*）是否擁有聲納。海豚具有極為精密的聲納系統，完全是獨立於蝙蝠而演化出來的。但跟海豚不一樣的是，魚龍的眼睛非常大，因此牠們可能沒有聲納。

　　航空器必須在穩定性與操控性之間取捨。偉大的演化學家兼遺傳學家約翰・梅納德・史密斯（John Maynard Smith）在第二次世界大戰期間是飛機設計師，後來回到大學並成為生物學家（他「認為飛機很吵，也過時了」）。他指出，取捨對鳥類等飛行生物很重要，對人造的飛機也很重要。非常穩定的航空器，幾乎能夠自己飛行，或者至少只需要一位相對不夠熟練的駕駛就能應付。但這樣就失去了操控性。穩定的飛機不如軍用戰鬥機，因為戰鬥機必須在空中保持靈巧敏捷，也要能迅速地轉向和閃避。操控性高的飛機就會不穩定，而這又是一種取捨。它們只能由反應快速的專業飛行員來駕駛。而且，現今的專業飛行員在操縱極為先進的飛機時，也不得不仰賴機載電腦。說不定某一天，再怎麼專業的飛行員都會被電子導航系統給取代。

　　機載電腦與專業飛行員都需要儀器，這相當於感覺器官以及感覺器官的輔助物。在動物王國裡，蒼蠅（尤其是食蚜蠅）的機動性特別強，而且具備了絕佳的儀器設備。跟其他昆蟲不一樣的是，所有種類的蒼蠅（另外包括了蚋、蚊子、俗稱「長腿叔叔」的大蚊）都只有一對翅膀，因此才會獲得 *Diptera*（雙翅目）這個拉丁文名稱。牠們的第二對翅膀，已經隨著演化時間退化成平衡棒（halter），位於僅剩的那對翅膀後方，模樣像是末

端有圓球的小棒子。平衡棒是飛行儀器，它們會像微型翅膀一樣高速揮動，但形狀完全不適合飛行，面積也太小了。它們的功用就像是一種陀螺儀，能夠幫助導航與穩定。如果拿掉平衡棒，昆蟲就比較不會飛了；牠們會變得很不穩定。想要讓牠們再次穩定飛行，你可以替牠們黏上用小羽毛製成的尾巴，就像鱒魚釣客綁在飛蠅餌上的那種道具。

約翰・梅納德・史密斯指出，早期翼龍，例如侏羅紀的喙嘴翼龍（*Rhamphorhynchus*），擁有極長的尾巴，在末端還有一種槳狀物。牠們想必能夠穩定飛行，但機動性差。至於一億年後白堊紀晚期的無齒翼龍（*Pteranodon*），則幾乎沒有尾巴。梅納德・史密斯認為，這樣的構造會很好操控，但是不穩定。牠們大概得仰賴「電子設備」，也就是由腦部精準控制飛行表面，藉此彌補沒有尾巴保持穩定的缺點。無齒翼龍的翼膜會有肌肉嗎？就跟現代的蝙蝠一樣？其實，翼龍可能真的更需要這種東西，因為牠們的翅膀中只有一根手指，無法像蝙蝠那樣用手指做出精細的調整（而且蝙蝠也沒有尾巴）。此外，為了應付必要的「電子」控制，無齒翼龍的腦是不是會比喙嘴翼龍更為複雜？牠們要怎麼用頭骨後方明顯的突出物，來平衡向前伸出的下顎？牠們整個頭部是否具有前端方向舵的功能，自動轉往牠們選擇

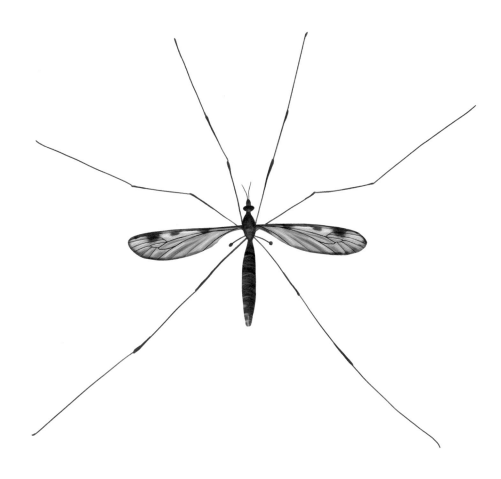

大蚊（長腿叔叔）及其「陀螺儀」
許多飛行昆蟲都擁有四片翅膀，但蚊蠅類只有兩片
（因此才叫雙翅目）。第二對翅膀演化成稱為「平
衡棒」的感覺器官，就像末端有一顆球的小棒子，
功能相當於小型陀螺儀。

相隔一億年的兩隻翼龍
喙嘴翼龍（上）的長尾巴會使其穩定飛行，但難以
操控。無齒翼龍（下）是晚期出現的翼龍，幾乎沒
有尾巴，機動性高，但較不穩定。

注視的方向？

　　現代鳥類不像喙嘴翼龍那樣擁有一根由骨頭構成的長尾巴。一般所謂的鳥尾，只是羽毛，沒有骨頭，而真正的骨頭其實是烤雞上短硬的「雞屁股」。然而，相當接近鳥類祖先，同時也非常著名的侏羅紀古生物始祖鳥，卻跟大多數爬行動物（包括喙嘴翼龍）一樣，擁有由骨頭組成的長尾巴。以梅納德・史密斯的觀點來看，牠們在空氣動力學方面大概很穩定，但機動性就不好。

　　鳥類要能靈活移動，其中一個理由是牠們經常在密集的群體中飛行，因此必須避免跟附近的同類相撞。至於牠們為何會聚在一起，原因有好幾個。其中最重要的或許是數量多較安全。掠食性鳥類通常一次只抓一隻獵物，而掠食者之間往往很分散，占據著各自的獵區。群體愈大，你被當地的隼或鷹抓到的機會就愈低。要是你能設法讓自己處在群體的中央而非邊緣，那麼「數量多較安全」的效果就會特別好。這個優點也適用於魚群和群集的哺乳動物。這樣的群體可能會非常龐大，甚至達到數十萬隻以上，因此互相碰撞的風險當然很高。

　　冬天時，椋鳥聚集飛行的數量非常龐大──這有個特殊名詞叫「群飛」（murmuration）──一次就有好幾十萬隻，而且展現出驚人的協調能力。牠們會旋轉與爬升、俯衝和轉向，看起來相當一致，彷彿巨大的鳥群就

是單一的有機體。而且群體的邊緣非常清楚明確，更加深了這種錯覺：群體的內外似乎都沒有成員脫隊。在令人驚奇的空中舞蹈結束後，牠們又會突然像一陣嘈雜的暴風雨，驟然降落至夜間棲息處。

　　觀看的人很可能會懷疑牠們當中有個領袖──一位主要編舞家──但其實沒有。每一隻鳥都是遵循同一套簡單的規則，也就是留意最靠近自己的成員，接著便湧現了協調性。電腦模擬也模仿了此種形式，並證明了電腦模擬能夠啟發我們對現實的理解。克雷格・雷諾茲（Craig Reynolds）最早提出開創性的類鳥群（Boids）模型，後來的程式設計師則採用下列重要原則：首先以程式設計出一隻鳥的模型，為其建立簡單的規則，像是如何對附近成員做出反應、維持特定的角度等。接著，將這隻鳥複製數百次。最後，在電腦中釋放這數百個複製品並觀察其發展。

　　在此要強調，雷諾茲及其後繼者並未「設計出一個群體」。他們只設計出一隻鳥，然後將唯一一隻模擬的鳥複製許多次，群聚的模式就會因此湧現。這種「湧現」原則，在生物學中算是非常重要的概念。當許多小元素依循簡單的規則，就會湧現出複雜的器官與行為。複雜並非天生；它是湧現而來。然而，這是很大的主題，值得另以專書探討。

「彷彿無數翅膀」
椋鳥群飛是世界奇景。

V字形編隊飛行的鶴
除了帶頭的那一隻，所有成員都能得益於前面一隻
鶴所產生的滑流。

　　我們繼續討論為何群集對鳥類是件好事。雖然群集的重點應該是預防掠食者，不過還有另一個相當微妙的好處，但這不適用於群飛，僅限於我們經常看到的許多遷徙鳥類的Ｖ字形編隊。牠們會適當排列，讓自己利用前一隻鳥所產生的滑流。最佳的位置就是待在斜後方，因此，鵝、鸛以及其他多種鳥類，才會以Ｖ字形編隊飛行。當然，位在Ｖ前端的鳥並不會得到好處。證據顯示，朱鷺（ibis）會輪流接替飛在最前方的麻煩位置。自行車選手也會運用相同的技巧，而軍用航空器為了省油也會這麼做。空中巴士公司正在研究讓大型客機編隊飛行以節省油料的可能性。

　　然而，群集還有另一個好處，就是可以利用其他成員尋找食物。無論你的視力再怎麼好，能注意到的地方還是不如一個團體多，而且說不定某位成員會在你漏掉的地方找到很棒的食物來源。實驗證據顯示，大山雀（great tit）會在進食的時候看顧彼此，甚至會在其他成員找到食物之處模仿覓食。

　　下一個取得升力的方法是什麼？比空氣更輕。

Chapter 9

輕於空氣

Be Lighter than Air

孟格菲熱氣球
宛如空中的藝術品。

Chapter 9
輕於空氣

　　飛機、直升機、滑翔機、蜜蜂、蝴蝶、燕子、老鷹、蝙蝠、翼龍，這些都是所謂重於空氣的飛行器。氣球和飛船是輕於空氣的機器。如同其名，它們能夠輕易飄動，由氫氣或氦氣之類比空氣更輕的氣體，或者是比周遭冷空氣更輕的熱空氣來抬升。確切來說，它們能上升，是因為附近較重的空氣下降，藉由阿基米德原理使它們向上浮。就我所知，輕於空氣的飛行器僅限於人類的發明。我不知道有任何像氣球的動物存在。

　　在人類技術的歷史裡，輕於空氣的飛行裝置比重於空氣的飛行裝置出現得更早許多。第一次人類飛行是在1783年的巴黎，孟格菲（Montgolfier）兄弟製作了一顆熱氣球。約瑟夫－米歇爾・孟格菲（Joseph-Michel Montgolfier）在用火堆晾衣服時，注意到一件有

趣的事：一團團熱空氣將衣物推向天花板。這促使了約瑟夫－米歇爾和擁有商業頭腦的弟弟雅克－艾蒂安（Jacques-Étienne）一起合作製造熱氣球。他們打造了一系列愈來愈大的熱氣球，先是以動物實驗，接著再拿性命冒險。應該說是貴族的性命，因為第一次人類飛行的成員是達爾朗侯爵（Marquis d'Arlandes）和皮拉特爾·德·羅齊爾（Pilâtre de Rozier）。德·羅齊爾是一位科學家，也非常機智，根據一段紀錄內容，他用自己的外套撲滅了著火的氣球。

幾天後，人類就首度實現了氫氣球飛行，而且也是從巴黎出發。這次的飛行者是雅克·查理（Jacques Charles）教授，而關於氣體膨脹最重要的查理定律（Charles' law）就是以他來命名。查理的氣球下方，是個造型漂亮的船形吊艙。他在巴黎城外幾公里處降落，當時有兩位公爵騎乘快馬去見他。查理對這次的處女航並不滿足，沒多久又再次升空，還向沙特爾公爵（Duke of Chartres）保證他會飛回來。他做到了。幸好這顆氫氣球並未著火，否則我們就會失去氣球飛行的機會，也會失去勇敢無畏的氣球駕駛員。

這些早期的氣球飛行充滿了危險，幾位早期的駕駛員也確實失去了生命。德·羅齊爾就遭遇了悲慘結局，但這不出所料，因為

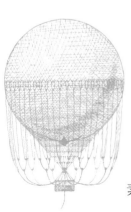

他後來搭乘了自己設計的一種混合式氣球升空，其構造是在氫氣球底下再加一顆熱氣球。明白我說「不出所料」的意思了嗎？

德・羅齊爾早先搭乘的孟格菲熱氣球，製作得非常漂亮，配得上在現場觀賞的王室人物，而周圍除了他們以外，還有數千位看得入迷的見證人。現代熱氣球除了傳統的梨形之外，更有各式各樣五顏六色的有趣形狀。最早的孟格菲熱氣球有繫繩。雖然當代的記載眾說紛紜，很難查明細節，不過，他們飛行時似乎是將火源留在地面，這樣的話，想必很快就得降落，因為氣球裡的空氣一下子就冷卻了。後來的孟格菲熱氣球則在下方加了火盆，由駕駛員添加稻草作為燃料。現代熱氣球則使用丙烷桶來燃燒，能夠短暫精準地將高溫投射進氣球內部。

你可能以為，輕於空氣的機器一定包含了真空，不然還有什麼能比空氣更輕？很遺憾，為了避免被外部的氣壓擠垮，這類航空器就要以鋼之類的材質製成堅固外殼，但這樣（說得婉轉些）就會違背了初衷。我們這顆星球的空氣，主要是氮氧混合，因此能夠運作的氣球或飛船，必須擁有夠輕的氣囊，裝滿比空氣更輕的氣體。氫是最輕的元素，所以早期的飛船會使用氫氣、富含氫氣的煤氣，

以及其他如甲烷等較輕的氣體。但這是餿主意！氫氣高度易燃，甚至會爆炸。有鑑於巨大的興登堡（Hindenburg）飛船在1937年發生的空難悲劇，此後的飛船設計師便開始偏好使用第二輕的氣體：氦氣。

> → 順帶一提，如果是載運人們所需要的氦氣量，就會很昂貴，不過，你可以購買用於填充派對氣球的小型桶裝氦氣。它既不可燃，也相對無害，還能讓派對變得更有趣。原因在於，它除了輕於空氣，還有另一種效果：傳導聲音的速度比一般空氣快上將近三倍。這表示，要是你把氦氣吸進肺裡，聲音就會變得像米妮（Minnie Mouse）。別玩得太過火，吸進太多氦氣或吸得太深，都可能造成傷害。

由於氦氣的成本高，所以現今熱氣球比較常見。熱空氣跟我們先前提到的上升暖氣流一樣，都比冷空氣更輕。用轟隆震響的燃燒器加熱氣球內的空氣，比填充氦氣便宜，不過這樣就會很吵，有點破壞飄浮經過寧靜田野時的興致。在我享受過的三趟熱氣球旅行之中，有一次是跟電視團隊一起去的。本來我應該在大家飄過英國鄉間教堂的塔樓和尖頂時，滔滔不絕地講述晚禱的柔和

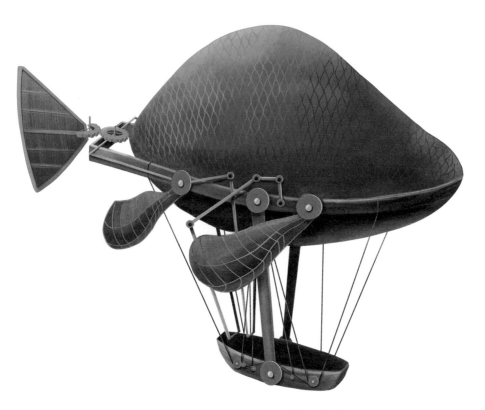

可操縱的魚形氣球設計
在氣球與飛船之間演化出的中間物？

魅力。可想而知，工作人員每次都得等到丙烷燃燒器的
轟鳴聲暫時停歇，才有辦法拍攝。

　　專業氣球駕駛員的圈子似乎很小。我的第三趟飛
行（也是最難忘的一次）在緬甸，而純屬巧合的是，駕
駛員竟然正好就是上次帶著我與拍攝團隊飛過寧靜英國

鄉間教區教堂的同一位。我們飄在緬甸上空欣賞了壯觀無比的景色：數以千計的佛寺與佛塔籠罩在蒲甘平原（Plain of Bagan）的晨霧之中，是此生必看的美景。

氣球跟飛船不同的地方是很難操控。飛船是在大型氣球下方吊掛一個客艙，再藉由螺旋槳水平推動。你可以駕駛它們，因此才會有「dirigible」（飛船）這個名稱，意思是「可操縱的」。早期的氣球設計運用了船的操控裝置，包括帆、舵、槳、櫓等。那些應該算是最早的飛船，但我覺得看起來不太好操縱。

簡單的氣球只能控制高度。你可以嘗試鎖定某個位置，看看那裡的風會不會吹往你要的方向，這種操縱方式等於是碰運氣。要讓氫氣球或氦氣球升高，你必須把出發前仔細規畫並帶到吊籃裡的壓艙物（例如沙袋）丟掉一些。如果是熱氣球，你就得打開丙烷燃燒器迅速燒熱空氣。想要下降時，你可以拉動繩子打開氣球頂部的開口，釋放一些熱空氣或是你所使用的氣體。令人意外的是，氣球對重量的些微變化相當敏感。使用壓艙物時，你只需丟掉很少的分量就能夠上升。原因在於，氣球是一種浮空器（aerostat），能夠跟周圍的空氣處於平衡狀態。這是什麼意思？

大氣的密度隨著高度減少，因此氣球會在某個臨界高度達到完美的平衡而懸浮。低於平衡高度的氣球會

上升，高於平衡高度的氣球則會下降。丟掉
沙袋（或啟動燃燒器），就是藉由改變氣球
的「理想」（亦即平衡）高度，以產生預期效
果。另一個例子是，氣球駕駛員有時會使用一
種簡單卻又巧妙的裝置來自動調整高度，但這種
方式只在氣球接近地面時有效，也就是將一條很長
的「拖繩」掛在吊籃外。繩子的重量雖然微不足道，
卻很重要。氣球處於低空時，大部分的繩子都在地上，
因此其重量不包含在航空器的淨重中。如果氣球上升，
就會有更多拖繩離地，它的重量就會稍微將氣球往下
拉。這麼一來，拖繩就可以自動調節氣球的高度了。我
覺得這很神奇。你會以為，光是一條繩子的重量能有什
麼影響？但這證明了輕於空氣的浮空器有多麼敏感。

　　1937年可怕的那一天，興登堡飛船在紐澤西州爆炸
的不久前，下降到了過低的高度。影片裡的工作人員，
正瘋狂地試著排出壓艙水以取得高度，但那些水量跟飛
船的體積相比，似乎少得可憐。人類在1785年首度搭
乘氣球飛越英吉利海峽，當時尚皮耶·
布蘭查德（Jean-Pierre Blanchard）及
其美國同伴在漂亮的船形吊艙裡，也
是基於同樣的理由，不得不把一切丟
棄，甚至包括他們的衣物。

　　之前我提過嚴肅的「歡笑約翰」普林格，他曾是我
老闆，主要研究昆蟲的振動飛行馬達。他還是一流的
滑翔機駕駛，因此對於飛行略知一二。他的前輩阿利斯
特・哈代爵士（Sir Alister Hardy）也是，哈代爵士經
常笑容滿面，是牛津大學李納克爾（Linacre）學院的
動物學教授，在 1950 年代也是氣球愛好者。哈代寫過
一本有趣的小書叫《與威洛斯度週末》（*Weekend with
Willows*），描寫四位年輕紳士度過了一段多事又危險的
氣球之旅，行程從倫敦出發到牛津，駕駛員是著名（但
行事魯莽）的飛行員兼飛船設計師厄尼斯特・威洛斯
（Ernest Willows），後來他死於一場悲慘的氣球意外。
根據哈代的敘述，由於氣球採用煤氣，所以他們一開始
就要先找到願意為氣球填充氣體的倫敦瓦斯廠。哈代的
朋友兼團隊成員尼爾・麥金塔（Neil Mackintosh），以
一首四百二十六行的史詩，刻畫了這段從倫敦到牛津的
飛行。我只引用其中七個對句，藉此表現他的風趣以及

◀ 為了活命而脫光光

布蘭查德於 1785 年橫越英吉利海峽的嘗試大獲成功。
但由於有失去高度的危險，他和同伴不得不丟棄吊艙裡
的一切，甚至包括衣物和槳。

這段遠征冒險的精神。在我看來，其精神就相當於《三人同舟》（*Three Men in a Boat*），那是一個滑稽的維多利亞時代故事，講述一群跟他們年紀相仿的年輕人和一隻名為蒙莫朗西（Montmorency）的狗，乘船從泰晤士河前往牛津的旅程。

在倫敦和牛津之間的某處（哈代和他的朋友們不知道是哪裡），隱約出現了薄霧……

未預見致命陷阱
災禍不幸顯蹤影
「不幸」之意恰體現
就在為時已晚前
陰鬱幽暗間透露
墓穴地窖圍其周
丘上教堂勢高聳
尖塔恰似觸天空
觀者驚恐皆發汗
懼遭尖頂狠刺穿
眾人速拋壓艙袋
墓地得沙仍敞開
險遇死劫無全屍
倖存憶述此故事

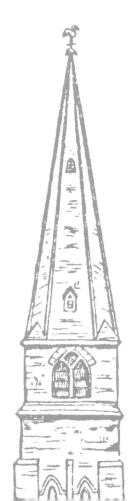

　　我們剛才討論過，氣球的麻煩在於無法操控。你永遠不知道自己會降落在何處，因此，根據我在牛津鄉間搭乘氣球的個人經驗，必須要有一個回收小組開車緊跟著才行。我在那段牛津郡之旅的降落過程中發生了很多事，因為最後一刻突然有一道強勁的側風，拖著我們撞過一道樹籬，飛越兩片田地，結果害得大家摔出吊籃。我不小心軟著陸在一位同行且毫無怨言的迷人女子身上。跟我們同行的，還有一位英語能力有限的日籍客座教授。農地主人趕過來，看著我們爬起身並拍掉灰塵。「你們是從哪裡來的？」他興奮地問。日籍教授之前遇過這個問題，也知道答案。他沒半點遲疑地回答：「呵，來自日本！」

　　阿利斯特・哈代那個時代比較隨遇而安，不像我們有開著車子和拖車的支援團隊。以前的氣球駕駛員會留意底下是否有方便的鐵路線，然後降落在旁邊。他們將氣球收回帆布袋後，就會揮手攔住下一輛火車，列車長則會樂於停下來載送他們，而被延誤的乘客雖然不太清楚狀況，卻也覺得有趣。

　　正如我在本章開頭所說，非人類動物似乎並未演化出有如輕於空氣之氣球這種能力。小型蜘蛛和毛蟲會做出一種稱為「空飄」（ballooning）的行為，但若將其稱為「放風箏」（kiting），更加貼切，因為牠們並不是輕

於空氣。小蜘蛛會釋放出細絲，使其像風箏那樣被風吹起，藉此將自己抬升至空中。有些蜘蛛會在所謂的大氣浮游生物（aerial plankton）之中，飄動好幾百公里，我們會在第十一章討論到這些生物。有些證據顯示，空飄的蜘蛛在起飛時，會從地球的靜電場獲得一些升力。你自己就可以觀察到靜電。拿一片塑膠摩擦你的頭髮，你會發現塑膠片能夠吸住小東西，例如碎紙片。雖然這看起來有點像磁力，但並不是；這是靜電。某些小型蜘蛛就是利用靜電力來讓自己升空。

可是真正的空飄呢？真的有動物能比空氣輕而飄浮嗎？自然演化出的氣球似乎不無可能，動物王國中經常可以見到相關的材料。有些人造氣球就是以絲製成，因為這種材質既輕又強韌。當然，絲是蜘蛛的發明，也只有昆蟲會使用，尤其是我們稱為蠶的幼蟲。某些石蛾幼蟲會為了捕捉甲殼類獵物而製作絲質陷阱，這跟一般蜘蛛網不同的是採用編織方式，讓它看起來很像氣球。這麼說來，絲織就是一種可行的技術。

不過，牠們可以用什麼氣體來填充氣囊呢？我很難想像動物要怎麼演化出製造氫氣的能力。某一些細菌能夠製造氫氣，所以有人認為，可以在商業方面利用它們製作燃料。動物會在其他領域利用細菌的專長，比方說發光。甲烷是另一種輕於空氣的氣體，動物也能夠輕

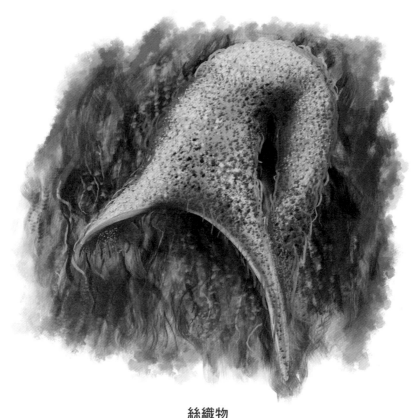

絲織物

這個由石蛾幼蟲吐絲製作的陷阱，並不是氣球。
但它證明了動物能夠製造出氣球所需的其中一個
要素。

易製造出來。乳牛所排放的甲烷，其實就是由牠們胃裡
的細菌（以及其他微生物）製造而成，而這也是令人擔
心的溫室氣體來源。腐爛的植物也會產生甲烷，這又稱

為「沼氣」，有時燃燒起來就被當成「鬼火」。至於熱空氣，在動物產熱之中，最令我印象深刻的例子，是某些日本蜜蜂在對付襲擊巢穴的大黃蜂時所使用的武器。牠們會集合成一個緊密的蜂球，將大黃蜂包圍起來。蜜蜂會藉由摩擦腹部，將溫度升高到攝氏四十七度，這會直接把大黃蜂燒死。就算有一些蜜蜂被燒死，那也沒關係，因為還有更多蜜蜂可以取代牠們。

話說回來，雖然氣球技術的一些個別要素，似乎都能透過自然演化獲得，像是高溫、氫氣、甲烷、緊密編織的絲織物，但我不知道有哪種動物能把它們全部結合起來，因此變得輕於空氣而升空。誰知道呢，說不定這種事還有待發現？

→ 順帶一提，水的密度比空氣高得多，因此要做到水中版本的「輕於空氣飛行」，很容易也很常見。我們游泳時就是這樣。奧地利動物學家康拉德・勞倫茲（Konard Lorenz）在開始講述浮潛之前，就先回憶了他童年時期的飛行之夢。總之，我們的身體大部分都是水，而肺裡的空氣使我們比水輕。鯊魚稍微比水重，所以就像在空中拍動翅膀的鳥，牠們必須一直游

泳，才不會緩慢地下沉。不過，本章要特別提到硬骨魚（擁有骨骼的魚，與其相對的是鯊魚之類的軟骨魚），因為牠們是精細控制的靜水器（hydrostats，一種生物結構），能夠熟練地改變自身密度。在這方面，牠們就像是可以操縱的飛船，而飛船正是精細控制的浮空器。

之前提過，浮空器在某個高度時，由密度較低之氣體所提供的升力，正好跟航空器與乘客加起來的重量完全相同。這時，它就會達到平衡而懸停。魚則是藉由精細控制其魚鰾（swim bladder），來達成相同的效果。魚鰾是魚體內深處的一袋氣體。只要改變鰾內的氣體量，魚就能改變密度，使自己上升或下降，在另一個高度找到平衡。正因如此，硬骨魚漂浮時，才會看起來這麼輕鬆。魚鰾讓魚只需消耗讓自己水平移動的能量。硬骨魚跟飛鳥和鯊魚不同之處，在於牠們不必耗費力氣取得升力。如果鳥類擁有裝著甲烷的鰾，一樣也能夠在空中飄浮，但牠們沒有。

不只有魚類演化出能夠調節自身密度的鰾。墨魚也可以使自己達到流體靜力平衡，其方式是將液體抽出或注入體內有孔隙的「骨頭」──

墨魚骨通常會用於
餵食籠鳥，以補充鈣
質，另外，墨魚的名稱
裡雖然有魚，但牠們並非
魚類，而是軟體動物，也是魷
魚和章魚的親戚。

　　就飛行效率而言，輕於空氣的航空器有很大的限
制，因此，今日我們才會很難在天空中看到可操縱的
飛船。它們只是為了好玩，或者當成廣告噱頭，並不
會用於商業運輸。即使是最輕的氫氣，也無法比空氣輕
到足以抬升沉重的負載，除非使用極為龐大的量。如此
一來，容納氣體的氣囊就必須製作得很大，也一定要很
輕，這表示它會變得又薄又脆弱，而其材質主要是柔軟
的織物，再以硬式或半硬式骨架提供最基本的支撐。
　　一袋氣體在壓力之下的穩定形狀是球體。正因如
此，自孟格菲以來的氣球，多半都是球體或接近球體。
然而，球體並不適合在空氣中快速移動，所以由引擎
推動的先進飛船，通常會採用有如雪茄
的流線造型，例如著名的齊柏林
（Zeppelin）飛船。可是，當
飛船愈偏離穩定的球形，

氣囊就需要堅硬的骨架以維持形狀。這會增加額外的重量，而且也需要更多的氣體才能抬升飛船，更別提還要載運貨物或乘客了。

此外，氣囊愈大，在空氣中前進時的阻力也會愈大。如果你想要的是速度，那麼飛船根本比不上藉由水平移動取得升力的重於空氣的航空器。另一方面，飛船的運作成本很便宜，因為它們不必消耗燃料來獲得升力。要是你不在意速度，例如貨物沒有重要的交貨時間，或許你就會想要利用飛船運送。可是，由於飛船的最高速度太慢了，世界紀錄最快也只有每小時七十英里（約一百一十三公里），它們無法應付那種大型噴射機能夠輕鬆面對的逆風。它們大概可以飛得再快一點，不過這就需要像巨無霸噴射機的巨大引擎。而飛船加上這些引擎後，又會變得太重，沒辦法利用浮空器的原理來獲取升力了。

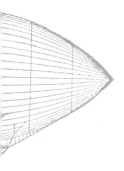

Chapter 10

無重力

Weightlessness

在世界周圍墜落
太空人感覺自己好像在飛翔，但實際上是在自由落體。

Chapter *10*

無重力

　　現在，我們要討論最後一種對抗地心引力的方法：無重力。乍看之下，這種方法只有人類使用，而且是技術先進的人類。假設你是國際太空站（ISS）的太空人，就會很享受自己像是在飛行的奇妙錯覺。這些幸運又稀少的人，比我們更接近達文西的夢想。在太空站裡，你不會有「上」或「下」的感覺。你的生活空間不應該用地板或天花板來稱呼。你會像鬼魂一樣飄盪，而當你跟同伴一起吃晚餐（或許是拿著像牙膏的管子吃，因為食物會從盤子上飄走），你們可能都會覺得對方是上下顛倒的。想從太空站裡某個房間到另一個房間的話，你就得抓住東西來拉動自己向前飛。如果你從自己暫時認為是地板的位置跳起，無論跳得多輕，你都會往「上」飛向「天花板」，然後撞到頭。同理，要到外面執

行保養或修理工作的太空人，也會到處飄動，因此必須繫上繩子以防跟太空船分離。他們就有如氣球般輕鬆飄浮，或是像能夠完美控制魚鰾的魚。但他們能飄浮，並不是因為身體密度和周圍介質相同，這一點就跟魚不一樣。差太多了。在太空站內部，他們周圍的介質是空氣，外面則接近真空，而他們的密度比兩者都高得多。為什麼他們還是會飄浮？

我們得先迅速解決一個極為常見的錯誤。很多人以為太空人會失重，是因為他們和地球的距離很遠，不會受到地心引力影響。錯，錯，錯！太空站離地球沒那麼遠，比英國倫敦到愛爾蘭都柏林的距離更近，而且地球重力拉扯的強度，也幾乎跟他們處在海平面時一樣。從某方面來看，太空人的失重，是指他們在體重計上顯示的重量為零。太空人和體重計都是在太空艙內自由飄浮，因此，身體無法對體重計施加壓力，他們的體重才會是零。

太空人、體重計、太空站以及其他的一切會飄浮，是因為全都處於自由落體狀態。一切都在墜落中，而且是沿著世界周圍墜落。重力仍然對他們有作用，要將他們拉向地球的中心。但同時，他們正高速繞著這顆行星轉，速度快到在墜落時不斷錯過地球。當太空站進入軌

道時，就會這樣。太空站在軌道中的飄浮，跟達到空氣動力平衡的氣球完全不同。氣球是由周圍的氣壓支撐，才不會掉下來。軌道中的太空人則會墜落；他們一直在墜落。月亮一直在墜落，而且已經墜落了超過四十億年。繞著這個世界墜落，在永恆的軌道中墜落。

　　氣球駕駛員會失重嗎？不，當然不會。他們的雙腳能夠穩穩踩在吊籃的地板上，也不會像處於軌道中那樣飄走。如果他們站在吊籃裡的體重計上，就會看到真實的體重。因此，真正的無重力，就是我們對抗地心引力的最後一種方法，只有先進的人類技術辦得到。等一下！真的是這樣嗎？思考以下的內容吧。

　　第一位進入軌道的太空人是尤里・加加林（Yuri Gagarin），時間為 1961 年。美國努力追趕，也在 1961 年將艾倫・雪帕德（Alan Shepard）送了上去。當時他並未進入軌道，只能算是一次極高的跳躍，高度達到一百英里（一百六十公里），最後則是掉進大西洋裡。在飛行的加速階段，雪帕德根本稱不上失重。要是那裡有體重計，他量出來的數字就會是原本體重的六・三倍；實際上他也真的變重了六・三倍。然而，火箭發動機關閉後，在大部分

的向上運動期間，以及降落傘打開之前的下降過程，他和太空艙都是處於自由落體狀態。如果有體重計，那麼在這場壯觀跳躍的大部分時間裡，他的體重都會是零。

現在，回到是否有非人類動物能夠達到無重力的問題。我們的初步回答是沒有，因為沒有動物演化出能夠達到軌道速度的火箭發動機。剛才提到，艾倫・雪帕德並未跟尤里・加加林一樣達到軌道速度。可是，這兩個人都進入了失重的狀態。現在，思考一下著名的跳躍高手——跳蚤——跟艾倫・雪帕德有什麼不一樣。跳蚤沒有火箭發動機，所以必須使用肌肉。

→ 順帶一提，這裡要說個有趣的題外話，那就是肌肉移動的速度不夠快，無法瞬間提供爆炸般的加速度，讓你像跳蚤一樣跳得那麼高。跳蚤（必定很慢的）肌肉所產生的能量，會儲存在一種彈簧裡，這就跟彈弓、長弓或十字弓的原理相同。彈弓推動石頭的速度，比用於拉扯橡皮筋的手臂肌肉所能丟出的速度快上許多。拉緊橡皮筋會儲存肌肉的能量。跳蚤和其他如蚱蜢之類會跳躍的昆蟲，身上都擁有一種稱為「彈性蛋白」（resilin）的奇妙彈性物理。彈性蛋白就如同彈弓的橡皮筋，不過還更棒：它超級

有彈性。跳蚤的肌肉會替彈性蛋白「上發條」，
而且是慢慢來。接著，儲存於橡皮筋的能量會
同時釋放到雙腿，讓跳蚤高高地彈到空中。

　　根據數學理論，一隻動物所能跳躍的絕對高度，與
體型無關。當然，實際上這有很大的差異，譬如跳蚤和
袋鼠（以及奧運跳高選手）等動物的專長就是跳躍，其
他動物則不是，比方說河馬和大象（還有我）。一隻跳
蚤大約可以跳二十公分高，跟一個人立定跳高的高度差
不多。不過，以跳蚤體型的比例來看，這相當於是叫一
個人跳越過艾菲爾鐵塔。另一種跳躍高手是跳蛛，這些
可愛的小傢伙跳躍的方式，是猛然將液體注入牠們中空
的腿部。雖然跳蛛的體型比跳蚤大，卻能跳得差不多
高，這證明了跳躍高度與體型無關。

　　理論上，假設我們忽視空氣阻力等複雜因素，跳蚤
或跳蛛的軌跡應該會是一條漂亮的弧線，數學家稱之為
「拋物線」。艾倫・雪帕德的軌跡，看起來就像跳蚤拋
物線的放大版，只不過他在向上過程的前半部，仍持續
主動推進。跳蚤的主動推進則在離地那一瞬間結束。雪
帕德的軌跡也牽涉了複雜的因素，包括透過發射反推進
火箭而以手動控制做出的各種動作，以及最後階段的降
落傘。

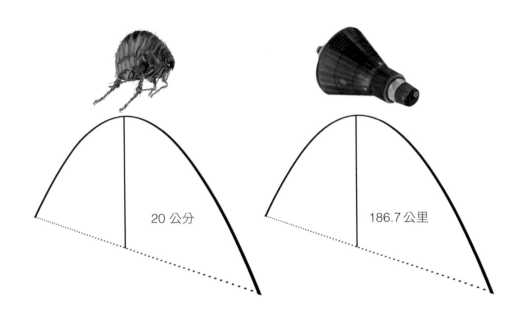

20 公分

186.7 公里

艾倫・雪帕德的巨大跳躍
以及跳蚤規模較小但仍令人佩服的跳躍。兩者都是
拋物線，不過其中牽涉了複雜因素。

　　「假設乳牛為球體並處於真空中」是個有趣的笑
話，諷刺理論物理學家為了計算方便而過度簡化事實的
習慣，但這種習慣完全合理。讓我們依照這個笑話，開
心地忽略跳蚤和雪帕德遇到的所有複雜因素。兩者都
跳出了優美的拋物線，差異在於跳蚤跳的高度為二十公
分，太空人是一百零一海里；跳蚤利用儲存於彈性蛋白

的肌肉能量，太空人則是利用火箭。兩者都達到了無重力狀態，跳蚤維持了不到一秒，太空人則是幾分鐘。現在，想像跳蚤就在一個微小的體重計上。雖然很難想像有跳蚤那種大小的體重計，可是我們跟物理學家一樣有權這麼想。接著，忽視空氣阻力及其他複雜項目，這麼一來，處於自由落體狀態的跳蚤和太空人，在體重計上測出的數字就會一模一樣：零。

　　現在，我們再把尤里・加加林或現代太空站帶進這個理論童話裡。在軌道中的加加林，體重就跟失重的雪帕德或跳蚤沒兩樣。這不僅包括他們在向下墜落的期間。跳蚤一離開地面就是在墜落，儘管牠一開始會向上移動。當艾倫・雪帕德的火箭發動機停止推送，他就是在墜落（雖然同樣也是向上移動）。同時也會進入失重狀態。加加林的無重力狀態只是維持得比較久。太空人在太空站裡的無重力狀態，持續得更久。月球的無重力狀態則是持續了四十億年。我們的結論是，能夠藉由失重來對抗地心引力的動物不只太空人。「就連有教養的跳蚤都辦得到。」

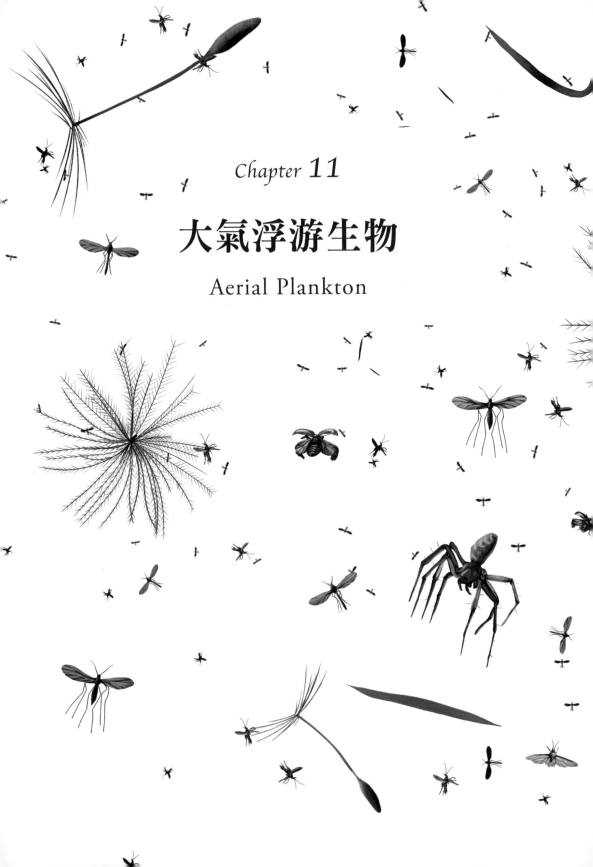

Chapter 11

大氣浮游生物

Aerial Plankton

如空氣般自由飄動

為什麼沒有巨大的空飄動物來掃食大氣浮游生物，
就像鯨魚在海中那樣？

Chapter 11

大氣浮游生物

在大氣的高處，我們會遇到所謂的大氣浮游生物（aerial plankton，或aeroplankton）。那裡混合了各種生物，包括大量花粉粒、孢子、飄飛的種子，也有微小的昆蟲，像是仙女蜂、拖著小型絲質降落傘的小蜘蛛，以及其他更多東西。上頭也有我已經提過的「空飄」蜘蛛，還有許多極小型動物、植物和真菌孢子、細菌與病毒等。當然，「浮游生物」這個名稱原本來自海洋。大海的表層就像一片波動的廣闊草原，充滿了用顯微鏡才能看到的植物、單細胞綠藻、細菌，這些生物利用陽光行光合作用，因此形成了食物鏈的起點。生活於其中的微型動物以藻類為食，而牠們又會被更大型的生物吃掉，以此類推。海中浮游生物會進行所謂的垂直遷移（vertical migration），在夜晚下降至較安全的深處，白天則向上遷移，以獲得所有生物都需要的陽光。

先前提過的牛津老教授阿利斯特・哈代爵士，曾經有過一段從倫敦飛到牛津的難忘氣球之旅。他畢生的研究重點就是海中浮游生物。

→ 順帶一提，他發明了連續浮游生物紀錄器（Continuous Plankton Recorder）。這種設備是由船隻拖動；不一定是專用的研究船，任何船隻都行。紀錄器裡有一條極長的絲帶，從一個捲軸慢慢釋放並繞到另一個捲軸上。海水通過絲帶時，浮游生物會被留下。之後，研究人員檢查絲帶時，就能計算出所有浮游生物在海洋裡被捕捉的位置；當然，他們要知道船的速度與航向，以及絲帶從捲軸釋放的速度。

在為這本書進行研究時，我毫不意外地發現哈代教授也注意到大氣浮游生物，並且曾和一位同事合作。他們在1938年發表論文，內容清楚易懂，語氣親切到幾乎像是在聊天，這種風格在今日大概沒有任何科學期刊能接受。他們使用兩只風箏掛起一張網子，來捕捉大氣浮游生物。有趣的是，他們還利用了一部1920年代的Bullnose Morrise老車。他們開車抵達升空地點後，就用千斤頂托起後車軸，拆掉一邊的後輪胎，再把輪圈當

阿利斯特・哈代爵士
研究海洋浮游生物的大師，將注意力轉向空氣中的
浮游生物，他使用了一對風箏，再利用由千斤頂托
起的車子來捲動繩線。

成絞盤來捲動風箏線。其他人則是以飛機拖拉網子以達
到類似的效果。

雖然大氣浮游生物裡包含可行光合作用的藻類和綠色細菌，但不像海洋中浮游生物是維持食物鏈的主要光合作用層。植物會進入大氣浮游生物之中，是為了利用空氣作為傳播媒介，包括傳播花粉和種子。你可能會好奇，為何要將種子散布得又遠又廣。部分原因當然是避免親代與子代之間的競爭。不過，還有一個更微妙的理由，這牽涉到一個有趣的數學理論，而且動物與植物都適用。我不會深入探討複雜的數學運算，而是要依照往常的習慣，試著在不使用代數符號的情況下，說明這個數學理論。

如果有某種植物或動物生存於可能的最佳地點，那麼在同一個位置繁殖後代似乎具有明顯的好處。畢竟還有哪裡會比可能的最佳地點更適合做為生命的起跑點呢？然而，數學理論顯示，從長遠來看，那些會採取步驟將一些後代送到遠方的動物（或植物），比起只在附近繁殖所有後代的競爭者，更能夠傳遞基因。就算「附近」是（當時）全世界最佳的地點，而「遠方」的環境條件通常較差，這種情況也會成立。你可能聯想到了原因，也就是洪水或森林大火等災難偶爾會發生，並摧毀所謂的「世上最佳地點」。當然，這類災難很少見，而且襲擊「世上最佳地點」的可能性也不會比較高。不過，要是你回顧任何一地的歷史，無論那裡現在有多麼

完美，過去大概都曾在某個時間點遭到災難蹂躪。

　　思考演化的問題時，我往往偏好將時間倒推，回溯祖先的漫長世代。將來有一天，我打算以此為主題，寫一本《亡者的基因書》（*The Genetic Book of the Dead*）。所有現存的生物，無論動物或植物，全都是成功的祖先一脈相承至今的最新世代。這些祖先當然可謂成功，因為要存活夠久才能成為祖先，而以達爾文式的定義來說，「成為祖先」即是成功。我就是用這種思維來解釋植物為何必須將種子傳播得又廣又遠，而非直接在親代的原地播種。動物也是基於同樣的理由，必須將一些後代送到未知的土地尋求發展，就像探險家克里斯多福・哥倫布（Christopher Columbus）或萊夫・艾瑞克森（Leif Ericson）所做的事一樣。

　　成功的動物（或植物），也許會跟親代在同一個地點生存，但大概不會跟十代以前的祖先待在同樣的位置。這些生物之所以成功，是因為至少幾代以前的祖先離開了親代的庇護，被送到未知的野外尋求發展。以植物來說，「送到外頭尋求發展」或許就是指將種子傳播到方向不定的風中。

　　那些胡亂播送的種子，大多落在石地上消亡了，它們未能成為祖先。不過，只要回顧任何生物的歷史，你肯定會發現其祖先當中至少有一部分曾在遠離親代的

地方開始發展生存，因而躲過了那些意外毀滅親代家園的森林大火、地震、火山爆發、洪水等災害。有一部分就是因為這樣，植物才會如此大費周章把種子傳播至遠方，而不是簡單的就近播種。動物亦然。這也是大氣浮游生物的部分目標。

我已故的朋友兼同事威廉·唐納·漢米爾頓（William Donald Hamilton，暱稱為比爾〔Bill〕）以其對達爾文理論的傑出貢獻而聞名。有些人說他是二十世紀後半最偉大的達爾文主義者。他有許多富有遠見的想法，至今已被世界各地的生物學家普遍接受。他有一項較為次要的貢獻，就是我剛才試圖解釋的理論，此理論是以數學形式提出，而跟他一起合作的人，還有我在牛津的另一位同事羅伯特·梅（Robert May），這位生物學家原本是物理學家，後來還當上英國皇家學會（Royal Society）會長和英國政府首席科學顧問。不過，比爾也曾提出一些有待商榷的大膽構想，聽起來或許天馬行空，其中之一就是他對大氣浮游生物的獨特看法。

他認為，高空的微生物（像是細菌和單細胞藻類）促使了雨雲的形成。它們演化出這種能力，是因為可以幫助自己傳播到世界各地，並隨著降雨而在新的位置展開新生活。這種概念很難檢驗，老實說，也沒有多少科學家願意認真看待。我不會予以否定，因為這正好是一個特別重要的例子，代表了我很久以前所提出「延伸

的表現型」（the extended phenotype）概念（我有一本書也以此為名）。比爾曾經有過遠遠超越時代的表現，而且他提出的構想往往都是正確的，以至於很容易被忽視。在他的葬禮上有一段感人的致詞，就是受到這個概念啟發。

先說一下背景故事。在比爾過世的幾年前，他以一篇論文發表了兩個版本，標題是「我想要的葬禮及其原因」（My Intended Burial and Why），內容則跟他以往大部分作品一樣古怪。他在其中寫道：

> 我要在遺囑中留下一筆金額，把我的屍體帶到巴西的森林。將屍體安置好，不受負鼠和禿鷹侵害，就像我們保護雞隻的方式；接著，巨大的角糞亮蜣螂（Coprophanaeus beetle）就會埋葬我。牠們會進入、埋藏我的身軀並以此為食；藉由牠們和我後代的形體，我就能躲過死亡。沒有蟲或骯髒的蒼蠅會啃咬我，而我就像一隻大黃蜂在黃昏中嗡嗡飛行。到時會有許多個我，彷彿一大群摩托車嗡嗡作響，在星辰下被一副又一副飛行的身體帶到巴西的荒野，以我們背上未結合的美麗翅鞘飛向高空。最後，我也會像石頭底下的紫色步行蟲一樣散發光澤。

一個灰暗多雲的午後，我們一群送行者站在牛津附近的威瑟姆森林（Wytham Wood）邊緣；多年以來，那裡進行過許多偉大的生態田野調查，而比爾深愛的義大利籍伴侶路易莎‧博齊（Luisa Bozzi）跪下哀悼，對著墓坑說話。她在解釋了為何無法按照他的遺願安置於巴西森林之後，說出這些感人的話：

> 比爾，此刻正躺在威瑟姆森林中的你，可以從這裡再次回到你所愛的森林。你不只會活在一隻甲蟲裡，而是真菌和藻類的數十億孢子之中，風會把你高高吹到對流層，你的一切將會形成雲朵，飄過大海，掉落再飛高，一次又一次，直到最後讓一滴雨水帶著你加入亞馬遜洪溢森林的水流。

很遺憾的，路易莎本人不久後也過世了。然而，她那段充滿詩意的話語，已經刻在一座石凳上，就擺在比爾的墓旁。我經常造訪那裡，最近也才去過一次。他一定很感謝愛人送給他如此美麗的告別。或許，烏雲之中總會透出一絲光明，至於這是不是大氣浮游生物造成的，就沒那麼重要了。

遠見者威廉‧唐納‧漢米爾頓 ▶
我人生中最偉大的達爾文主義者

比爾，此刻正躺在威瑟姆森林中的你，

可以從這裡再次回到你所愛的森林。

你不只會活在一隻甲蟲裡，

而是真菌和藻類的數十億孢子之中，

風會把你高高吹到對流層，

你的一切將會形成雲朵，飄過大海，

掉落再飛高，一次又一次，

直到最後讓一滴雨水

帶著你加入亞馬遜洪溢森林的水流。

Chapter 12

植物的「翅膀」

'Wings' for Plants

「她不愛我」
每個蒲公英種子都小到足以輕易飛行，而其增加表
面積的方式，是使用小型降落傘。

Chapter 12
植物的「翅膀」

　　除了捕蠅草和敏感的含羞草等少數例外，植物並沒有等同於肌肉的構造。它們不會移動。然而，植物有一種強烈的需求（參閱第十一章），它們必須傳播種子，並跟同物種的其他成員交換花粉。要做到這兩件事，主要的媒介就是空氣。植物無法真正在空中飛行，所以得透過各種間接方式，達到跟飛行一樣的效果。

　　薊種子冠毛、蒲公英絨球以及其他許多種子，會隨風到處散布。它們運用了我們已經討論過的一些飛行原則。蒲公英或薊的種子都很小，附有精巧的羽狀降落傘，能夠藉由大表面積飄得非常遠。懸鈴木的種子更為龐大，而這又是取捨的問題。像蒲公英這類微小極輕的種子，會缺乏足以讓大型種子發育良好的養分。懸鈴木採取不同的妥協方式。它們的種子不小，因此製造的種

長了翅膀的懸鈴木種子
如果沒告訴你，你會不會以為這是昆蟲的翅膀？

子數量較少，畢竟它們要為一顆種子打包食物的成本很高。而體積較大的懸鈴木種子，也必須用更大的翅膀運送，但移動的距離就不遠。其翅膀看起來幾乎跟昆蟲的翅膀一模一樣，對吧？當然，它不會拍動，而是被風吹送，有如一架玩具小直升機那樣旋轉降落。

有一些植物也能像懸鈴木種子做出像小型直升機的行為。不過，最驚人的飛行種子或許是爪哇黃瓜（*Also-mitra macrocarpa*）。它的果實是一種葫蘆，會釋放出一連串造型漂亮的滑翔機，每一部滑翔機都是由中央的種子展開兩片極薄的機翼組成，能跟熱帶蝴蝶一樣優美地翱翔與俯衝。其他植物的豆莢則加裝了彈簧，會在爆開時高速拋出種子。芹葉牻牛兒苗（Common Storks-bill）的種子在落地後還會交替地蜷曲與展開「芒」（一種像是皮帶的構造），以便鑽進土壤。

爪哇黃瓜種子
如蝴蝶般穿越森林並落下。

許多植物會借助鳥類的翅膀（以及哺乳類的腿），將種子帶到遠方。刺果表面有像是魔鬼氈的小鉤，可以緊扣在鳥類的毛皮或羽毛上，藉此移動到別處落下。美味的水果就是為了被吃掉，但重點是不讓食用者徹底消化，裡面的種子能夠在經過腸胃後被完整排出，還會得到很棒的肥料。然而，在會吃水果的動物之中，植物也不是每一種都喜歡。

　　擁有翅膀的鳥類很可能會將種子帶到遠方，這對植物也許是好事。或許正因如此，顛茄這類植物的漿果，對大多數哺乳動物是致命的，但鳥類卻可以吃它們。

　　同樣的，花粉也需要傳播。為什麼？避免近親繁殖很重要。科學家對於性的好處仍有許多爭議。為何大多數的動植物要讓自己的基因跟異性混合？為何不像雌性的蚜蟲和竹節蟲那樣，不需雄性或交配就能夠自我複製？也許你覺得答案很明顯，但我可以保證並非如此。

　　無論理由是什麼，背後的動機一定很強烈，畢竟幾乎所有動物和植物都會進行有性繁殖，儘管這很耗費精力與時間。而要是你跟自己交配，這一切的目標就沒有意義了（雖然我們還不確定其目標是什麼）。正因如此，植物才會大費周章將自己的花粉轉移到另一株身上，即便是那些同時擁有雌性與雄性生殖器官的雌雄同體植物，也會這麼做。這是透過空氣來傳送的，所以花

粉也跟種子一樣必須飛行。

　　要讓花粉飛行，最簡單的方式就是隨風吹送。花粉粒非常微小，因此可以在微風中飄浮，這一點在第四章討論過。然而，這種方法相當浪費。風吹的花粉粒要極其幸運，才能找到適當的雌性器官，亦即另一株同品種植物的柱頭（stigma）。為了彌補如此低的可能性，植物會吹出數百萬計的花粉粒，彷彿大片飄盪的雲朵。許多植物都會這麼做，結果也還不錯。

　　可是，有沒有另一種不那麼浪費的解決方法呢？或許你馬上就想到一個主意。植物可以為花粉設計飛行器，就像長了翅膀的小型雙輪馬車。這種馬車需要類似感覺器官的東西，來偵測其他同品種的植物。也要有一種小型的腦和神經系統，以便控制翅膀，並將飛行的花粉載具導航至正確目標。嗯，這個主意不錯，可能行得通。

　　不過，何必這麼麻煩呢？空中已經充滿了小型飛行器，譬如蜜蜂和蝴蝶、蝙蝠、蜂鳥。牠們擁有完全正常運作的翅膀，由肌肉推動，由腦部控制，而且還有能夠鎖定目標的感覺器官。植物只需要想辦法利用牠們就行了。引誘昆蟲

拿起你的花粉，再說服牠們將貴重貨物空運到目的地。

　　也許「利用」這個詞用得不對。不如建立起讓雙方都有好處的合作關係？對昆蟲的服務提供酬勞呢？付給牠們航空燃油——花蜜。植物當然不是直接跟蜜蜂坐下來談條件：「如果你為我載送花粉，我就給你花蜜。在這裡簽名。」實際情況是，達爾文式的物競天擇，偏好具有製造花蜜之遺傳傾向的植物。受到花蜜吸引的蜜蜂，會帶走植物的花粉粒，而製造花蜜的基因便藉由花粉粒傳遞下去。在此我要補充，製造花蜜的代價不菲。花朵對其僱來的幫手，支付了優渥報酬。

昆蟲吸取花蜜時，會在無意間沾黏到花粉。當牠們為了得到更多花蜜而造訪其他植物，花粉就會掉落在柱頭上。當然，會這樣做的不只有蜜蜂與蝴蝶。蜂鳥也很愛花蜜，還有在舊世界和亞洲跟牠們類似的太陽鳥。甲蟲與蝙蝠是某些植物的授粉者。只要是有翅膀的動物，就可能會被植物借用。

　　蜜蜂、蝴蝶、蜂鳥和其他動物是怎麼找到花蜜的？天擇偏好那些會宣傳的植物：「過來這裡採花蜜吧。」花朵的其中一個作法，是散發富有吸引力的芳香，包括許多我們也很喜歡的香味，例如玫瑰與百合。有些氣味我們就沒那麼喜歡了，像是專門吸引某些蒼蠅的花，聞起來就像腐肉。

　　蝙蝠有翅膀，有一些蝙蝠也喜歡花蜜，因此我們可以找到那些會特別利用蝙蝠在晚上攜帶花粉的植物。不過，由於蝙蝠是運用回聲而非光束來尋找東西，所以植物大肆宣傳花蜜的方式，就必須針對耳朵，而不是眼睛。古巴雨林中有一種叫夜蜜囊花（*Marcgravia evenia*）的攀緣植物，就長著有如碟形反射器的葉子。這種碟形反射器的用途，是在來自四面八方的回聲中成為高強度的信標。對生活在回聲世界裡的蝙蝠而言，這種碟形葉子大概就有如「明亮」的霓虹招牌。

　　奇妙的是，有證據顯示花朵與蜜蜂會產生電場以便互動，這也能在蜜蜂接近時，引導牠們找到目標。某些證據甚至指出，靜電力會將花朵雄性器官的花粉黏到蜜蜂身上，然後再產生相斥力量，讓花粉從蜜蜂的身體掉到花朵的雌性器官上。

(01)

(02)

(03)

傳說中，讓納西瑟斯（Narcissus）愛上了自己的影像
不知道他對昆蟲看待水仙（Narcissus）的方式有何感想，
畢竟昆蟲就是水仙的目標受眾。
（01）是人類眼中所見的黃水仙，（02）是在紫外線下顯
現的斑點，我們看不見，（03）則是覆蓋著靜電粉塵。其
實，昆蟲看到的水仙，應該會像頻閃儀那樣閃爍，而不是
我們見到的五片花瓣。

　　不過，花朵主要還是透過外觀來吸引授粉者。昆蟲擁有良好的彩色視覺，鳥類也是，兩者都能看見人類看不到的紫外線，所以花朵利用了這一點。許多花朵都有只能透過紫外線才看得到的條紋或斑點。昆蟲看不見紅色，但是鳥類可以，因此要是你發現一朵亮紅色的野花，大概就能推測它是想吸引鳥類。

　　一片長滿野花的草地，對蜜蜂和蝴蝶來說，就像是倫敦的皮卡迪利圓環（Piccadilly Circus）或紐約的時代廣場，那些色彩鮮豔的花瓣有如草地上的霓虹招牌；而使花朵更增添色彩與氣味的人類園丁，彷彿巨大的蜜蜂，變成了一種篩選媒介。

　　藉由飛行的蜜蜂、蝴蝶、蜂鳥來授粉，會比將花粉播送到風中，更能準確達到目標。蜜蜂帶著花粉從一朵花離開，立刻前往下一朵花。但第二朵花說不定是別的品種。還有更好的方式嗎？花朵該怎麼做，才能確保花粉會傳給同品種的成員？有沒有什麼辦法可以減少昆蟲造成的「雜交」，並且提高「花朵忠誠度」？有。它們在豔麗的外表下還藏了幾招。在同一個品種中，大多數花的顏色都一樣。剛造訪過一朵花的昆蟲，通常會繼續前往其他同色的花。這稍微降低了花粉傳給其他品種的可能性，不過就只是稍微，還能怎麼做呢？

　　有些花會把花蜜藏在一根長管子的底部，這樣就只

有舌頭極長的昆蟲，或是喙特別長的蜂鳥才能碰到。南美洲刀嘴蜂鳥（sword-billed hmmingbird）的喙，就比身體更長，長到牠甚至無法替自己身體的某些部位理毛，這一定很不方便。或許，這不只是不方便；我們在第五章討論過，鳥類會花很多時間整理羽毛，這表示理毛對生存很重要。無法整理好翅膀羽毛的鳥，飛行能力可能會受到影響。由此可見，蜂鳥一定有格外強烈的壓力，要發展出這麼長的喙。

如此特別的刀嘴蜂鳥，似乎是跟一種特別的西番蓮（*Passiflora mixta*）一起演化，這種植物的花蜜管也特別長。粉紅色花瓣宣傳著開口的位置，後方管道則一路延伸，只有刀嘴蜂鳥才吸食得到花蜜。這種花確信（你懂我的意思）會來訪的只有刀嘴蜂鳥，也確信牠們會去找相同品種的其他花朵。鳥類與花朵是忠實的夥伴，花粉不會因為被傳入錯誤的品種而浪費。

另外還有一個與此類似的好例子，主角是一種蛾。1862年，達爾文正在寫關於蘭花的書時，貝特曼（Bateman）先生寄了一些標本給他，包括馬達加斯加的大彗星風蘭（*Angraecum sesquipedale*）。其中，拉丁文 '*sesquipedale*' 的意思是指一英尺半（約四十五公分）。這種蘭花的花蜜管特別長，確實有一英尺半。達爾文寫信給植物學家朋友約瑟夫·胡克（Joseph Hooker），提

確保授粉者忠誠度的激烈手段

西番蓮會把花蜜藏在長管的底部。這樣它就能「確信」
只有刀嘴蜂鳥才吸食得到,而且會將其花粉帶給同品種
的其他花朵。它借助了刀嘴蜂鳥的飛行能力,而且就只
仰賴刀嘴蜂鳥。

天哪，是什麼昆蟲才吸得到？

答案原來是馬島長喙天蛾（但達爾文還沒見過它就去世了）。

到：「天哪，是什麼昆蟲才吸得到？」接著，他就大膽預測，在馬達加斯加某處必定存在著一種蛾，擁有很長的舌頭，足以深入這種蘭花的花蜜管。達爾文於1882年過世。二十五年後，馬達加斯加有位昆蟲學家發現了非洲蛾的一個當地亞種，稱為馬島長喙天蛾（*Xanthopan morganii*）。這種蛾的舌頭可達三十公分（大約一英尺），徹底證明了達文西的預言，也很符合其亞種名稱——*praedicta*（拉丁文中的「預測」之意）。

有些花朵（尤其是蘭花），會大費周章地誘惑昆蟲為其授粉。我是指真的誘惑。蜂蘭（bee orchid）的外觀就有如蜜蜂，而且，不同品種的蘭花還會長得像不同品種的蜜蜂。雄蜂會被騙，因而嘗試跟花朵交配。在蜜蜂笨拙摸索的過程中，花粉就會沾黏到牠們的頭上，並被帶向牠們試圖交配的下一朵蘭花。蘭花不只會騙過昆蟲的眼睛，有些甚至還能模仿費洛蒙（pheromone）；雌蟲會運用這種氣味強烈的化學物質，引誘雄蟲與其交配。其他蘭花會模仿蒼蠅；還有一些外型長得像各種黃蜂。這些模仿昆蟲的蘭花，不會製造花蜜。這些引誘昆蟲的蘭花不像其他花朵會付酬勞給授粉者，而是欺騙牠們，得到免費的服務。

如果說散布到風中的花粉很浪費（因為大多數都未能抵達目的地），那麼本章提到的蘭花就代表了另

一個極端，是能將花粉消耗量減至最低的「魔法子彈」（magic bullet）。在魔法子彈的極端附近，還有鐵錘蘭（hammer orchid），在鐵錘蘭屬（*Drakaeaa*）之下有十個品種，生存於西澳洲。每一個品種都有特定種類的黃蜂為其授粉，這會將花粉傳給別種雌花或散失的可能性降到最低。每一朵花的末端都有一隻假雌蜂，連接著一隻「手臂」以及能夠轉動的「手肘」。牠們也會分泌一種化學物質，模仿特定品種雌蜂的誘惑氣味。

這個種類的雌蜂沒有翅膀，牠們習慣爬到莖的頂端，等著用氣味吸引有翅膀的雄蜂。接著，雄蜂會抓住雌蜂離開，一邊飛行一邊交配。

雄蜂也會試圖對蘭花的假雌蜂這麼做。他會抓住「她」，想跟「她」一起飛走。他瘋狂拍動翅膀來推動自己向上，可是假雌蜂並未配合：「她」不放開植物。此時，蘭花「手臂」的「手肘」會彎曲，使得雄蜂重複撞擊花粉塊（pollinia，蘭花會將花粉集結起來，稱為花粉塊）。撞擊了幾次之後，花粉塊會鬆脫，黏在雄蜂背上。最後，他會放棄帶走「雌蜂」，飛到別處去碰運氣（他們到底何時才會學到教訓？）這種戲碼持續上演。雄蜂再度來回撞擊，這次花粉塊就會從他背上脫落，附著在第二朵蘭花的柱頭上。授粉至此完成，黃蜂則白忙一場（或許只得到了痛苦）。

鐵錘蘭的鐵砧上擺滿了花粉

這種複雜到幾乎難以置信的裝置，能夠確保花粉適當傳播。雄蜂「以為」自己找到了好對象，試圖帶著她離開，結果卻撞向花粉。一再重複。

237

同樣處於魔法子彈極端的，還有生長在南美洲及中美洲的吊桶蘭（*Coryanthes*）。這可能是所有開花植物之中最複雜的一種。它們透過相互演化，跟蘭花蜂（orchid bee，一種散發綠色光澤的小型蜜蜂）建立了密不可分的關係。

雄性蘭花蜂吸引雌性的方式是利用費洛蒙；這是能夠引發性欲的特別香氣。但牠們無法自行製造費洛蒙。蘭花會替蜜蜂製作原料，弄成像是蠟的形式，讓牠們儲存在腿部有如口袋的容器中，之後就能用來吸引雌蜂。當蜜蜂前往蘭花收集這些製作催情劑的蠟材時，可能就會掉進花朵的「吊桶」，而裡面含有一種液體。當牠試著游泳離開吊桶時，會發現唯一的出路是通過一條狹窄的通道。在牠掙扎穿越通道的過程中，會有兩個花粉塊黏到牠的背部。最後，牠掙脫飛離時，身上就會帶著花粉塊。沒學到教訓的蜜蜂，又會去找另一朵花，再次掉進吊桶裡，然後又要扭動身體擠出通道。這次花粉塊就會在蜜蜂蠕動時從背上脫離，使第二朵花受精。

→ 順帶一提，演化怎麼會安排植物替蜜蜂製造費洛蒙的主要成分？這真是個有趣的問題。我猜，起初蜜蜂的祖先會自己製造費洛蒙，而植物一步一步慢慢接管了這個角色。

　　不過，我最喜歡的終極魔法子彈選手，還是無花果與無花果蜂（fig wasp）之間的親密關係。我曾在自己寫的另一本書《攀登不可能的山》（*Climbing Mount Improbable*）以一整章內容討論這個主題。在此，我簡單說明一下：無花果有超過九百個品種，幾乎每個品種都有獨特的無花果蜂專為其授粉。這才叫魔法子彈！

　　所以，植物會利用翅膀來傳播其DNA，就如同那些翅膀的擁有者也會藉此傳播自己的DNA。不過，植物的翅膀是借用而來，是向昆蟲、鳥類或蝙蝠借用（或僱用）的。不知你是否跟我一樣好奇，以前有沒有透過翼龍授粉的花。雖然我不知道答案，但我喜歡這個問題，也喜歡那樣的想像畫面。這並非不可能，畢竟開花植物是在白堊紀演化出來，當時仍然有許多翼龍存在。

　　嚴格來說，真菌不是植物。它們自成一界，跟動物的親緣關係其實比植物更接近。然而，它們不會像動物那樣移動，所以把它們想成植物比較方便。由於它們不會移動，所以有時必須跟植物一樣借助昆蟲的飛行能力。它們讓昆蟲攜帶的並非種子或花粉，而是孢子。有些蘑菇會在黑暗中發出鬼魂般的綠光，這種光線大概能吸引昆蟲為它們傳播孢子。

演化與設計的飛行器

Differences Between Evolved and Designed Flying Machines

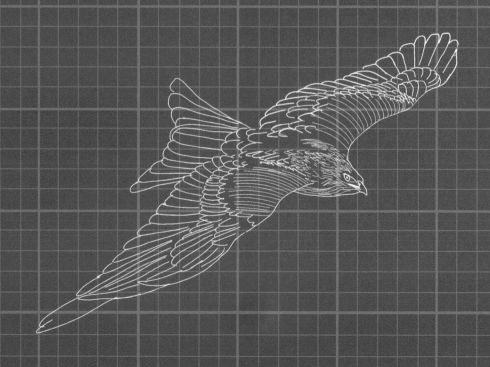

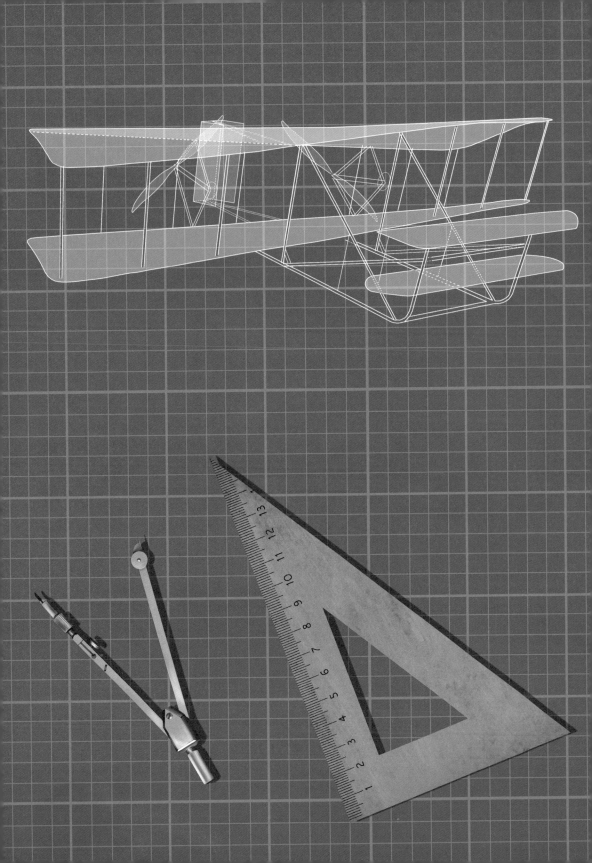

重新開始

偉大的演化學家約翰‧梅納德‧史密斯，年輕時是位飛機設計師，後來決定回到大學重新受訓成為生物學家。

Chapter 13

演化與設計的飛行器

　　本書探討了大約六種（取決於你怎麼計算）離開地面並留在空中的方法，亦即如何對抗地心引力。在每一章中，只要可以，我就會把人類設計的飛行機器跟相對應的飛行動物拿來比較。然而，兩者精通飛行的過程卻截然不同。動物能夠成為飛行器，是經歷了數百萬年緩慢而逐步的改善，隨著世代交替而進步。人類則在製圖板上，接連設計出愈來愈好的飛行器，改善的時間幅度是以年或數十年計算，而非數百萬年。兩者最終的結果往往類似（這並不意外，畢竟要解決的問題都一樣，也就是相同的物理學），而且相像到似乎讓你有種錯覺，以為它們是透過一樣的方式得來。現在，該來釐清這種誤解了。

　　遇到如何避免飛行器失速之類的問題時，我們往往

會這麼想：「我該如何解決這個問題？」就人造飛機而言，設計工程師確實是這麼想的。他們注意到一個問題，然後會想像可能的解決方式，例如縫翼。他們會用製圖板草擬出構想，或許聚在一起用一塊白板集思廣益，或是利用電腦的圖像軟體。他們可能會打造原型或比例模型，並在風洞中測試，從中浮現的解答，最後就會投入生產。整個研究與開發（研發）的過程只需要幾年，甚至更短。

動物的過程就不一樣了，而且進度緩慢許多。牠們的「研發」要歷經好幾個世代，跨越數百萬年。這當中沒有任何念頭，沒有聰明的構想，沒有謹慎的巧妙安排，也沒有匠心獨具的創意。牠們沒有製圖板，沒有工程師腦力激盪，也沒有風洞可以測試原型或縮尺模型。一切就只是族群中某些個體在飛行方面表現得高於平均一點，而這純粹是偶然在基因上發生的好運（突變以及繁殖時的基因洗牌）。

或許有個突變基因讓一隻隼在速度上占了些優勢。帶有這種基因的隼，比較可能捕捉到獵物。或者有隻突變的椋鳥，比群體中的競爭對手更靈活，這對逃離掠食者並避免被吃掉是極為重要的。當一隻椋鳥因為「慢飛基因」被吃掉時，這種基因也會被吃掉，所以就不會遺傳給下一代。又說不定是某種基因型讓翅膀形狀稍有不

同，比其他同類更不容易失速。如此一來，這些個體比較能生存與繁殖，並把幫助自己稍微飛得比同類好的基因傳遞下去。慢慢地，漸漸地，一代接著一代，善於飛行的基因就在群體中變得愈來愈多。不擅長飛行的基因則會愈來愈少，畢竟擁有這種基因的動物比較容易死亡或無法繁殖。

　　於此同時，許多不同的基因也會在群體中發揮相同效果；每一種基因都以其特有的方式影響飛行。那麼，良好的飛行基因在經歷眾多世代、數百萬年的累積後，會是什麼情況？造就了一群厲害的飛行高手。

　　細節面面俱到，包括防失速裝置；藉由靈敏的神經控制肌肉，調整翅膀形狀以配合風渦和上升氣流的各種細微變化；更有效率而較不容易疲累的翅膀肌肉。翅膀和尾巴演化成最適當的形狀與尺寸，所有的細部都恰到好處，就像人類工程師在製圖板上設計出完美的作品並在風洞中測試成功。

　　人類設計與演化設計的成品都很完善，都飛得很好，以至於我們很容易忘記兩者的改善過程有多麼不同。我們藉由語言表達時也會忘記這一點，你應該已經注意到我在這本書中會使用一種簡略的語言，從我寫的內容看起來，鳥類、蝙蝠、翼龍、昆蟲解決飛行問題的方式，好像就跟人類工程師一樣；彷彿鳥類是自己解

決了問題，而非透過達爾文式的物競天擇。之所以會簡略，有部分原因是因為這樣確實很方便，只要幾個字就能帶過，不必每次都詳細說明天擇的機制。另一部分也是因為你和我都是人類，我們都知道人類會如何面對問題，以及如何想出問題的解決方法。

這麼看來，演化與人類設計之間好像還有更相似的地方。例如，工程師對於防失速裝置的新構想，就有如突變。這些「構想突變」在某種程度上就像天擇。一個構想可能在發想者明白它行不通後，就立刻被扼殺。它也可能在原型階段無法通過初步測試、電腦模擬或風洞實驗，結果遭到摒棄。在風洞中失敗，其實不會造成什麼傷害，因為沒有人會因此死亡。飛行動物的天擇就殘忍多了；失敗真的會導致死亡。不一定是摔死，也可能是有缺陷的設計，使其來不及逃離掠食者；或是讓飛行者較不擅長捕捉獵物，因此提高了挨餓的機率。對於死亡，演化並沒有什麼溫和的替代品，不像人類的風洞試驗。失敗真的就是失敗：死亡，或至少無法繁殖。

不過，轉念一想，我記起了許多種類的幼鳥都會練習飛行——這應該可以當成一種玩耍——然後牠們才會認真地飛入空中。也許這就是鳥類版本的風洞試驗；以非致命的方式嘗試錯誤，除了伸展翅膀肌肉，大概也是想改善幼鳥的協調與技能。很多種類的幼鳥都會做出看

似練習的動作，不停地跳上跳下、拍動翅膀，這肯定是要鍛鍊飛行肌肉，同時也想磨練飛行技巧。

　　此處再提出演化與工程設計的另一個差異（這也許只是用其他角度來審視相同的差異，就看你怎麼想了）。當工程師想出新設計，他們可以在空白的製圖板上重新開始。法蘭克‧惠特爾爵士（Sir Frank Whittle，被喻為噴射引擎的發明者之一）並非以現有的螺旋槳引擎為基礎，逐步緩慢地加以改造。想像一下，要是惠特爾真的循序漸進地修改螺旋槳引擎，這樣製造出來的第一具噴射引擎會是何等慘況。不，他是在空白製圖板上，從零開始設計出全新的構想。但演化不是這樣。演化就只能一步接一步細微地改造先前的設計，而且在過程中的每一步，都必須有個體生存下來並繁殖。

　　另一方面，演化不一定總會改造正巧具有相同用途的器官。以我們的發展來比擬，法蘭克‧惠特爾不一定只能逐步改造螺旋槳引擎，他可以改造現有飛機的其他部分，比方說機翼的隆起。然而，演化卻無法跟人類工

熟能生巧（見下一頁）▶
雪鴞父母（母親的體型大於父親）看顧著孩子練習飛行。

程師一樣回到起點重新開始。它必須從現存動物身上的某個部位開始，而且在後續的每個階段中，這些現有的動物都必須至少存活到能夠繁殖後代為止。舉個例子，說不定我們之後會看到昆蟲翅膀開始改造成曬太陽用的太陽能板，而非變成退化的翅膀。

關於人類技術的創新有兩派觀點，這讓我聯想到現代演化理論也有兩個學派。在人類創新方面，有個觀點為「孤獨天才理論」（lone genius theory），另一種觀點則叫「漸進演化」（gradual evolution），而我的朋友麥特·瑞德里（Matt Ridley）則在《創新如何運作》（*How Innovation Works*）一書中支持此理論。

孤獨天才理論認為，在法蘭克·惠特爾爵士突然出現之前，根本沒人知道噴射推進是什麼。不過，你有沒有注意到，我剛才是說他被喻為發明者「之一」？惠特爾於1930年以這個概念獲得專利，1937年首度製造出能夠運轉的引擎（尚未運用在飛機上）。德國工程師漢斯·馮·奧海恩（Hans von Ohain）在1936年申請專利，而第一架真正飛行的噴射機，則是採用奧海恩引擎的亨克爾（Heinkel）He 178。這是在1939年，比採用惠特爾引擎飛行的格羅斯特（Gloster）E38/39還早了兩年。當兩人在戰爭結束後見面時，奧海恩對惠特爾說：「如果你的政府早點協助你，不列顛之戰（Battle of

Britain）根本就不會發生。」我們不清楚奧海恩是否看過惠特爾的專利。無論是與否，法國工程師馬克西姆·紀堯姆（Maxime Guillaume）早在1921年就有了專利（惠特爾並不知道）。

　　但我的重點在於，不管是惠特爾、奧海恩，或甚至紀堯姆，他們都不是第一個想到的人。孤獨天才理論錯了。跟噴射引擎或多或少類似的發明，其實有一段漫長的歷史。西元十世紀，中國把火箭當成武器。1633年，鄂圖曼帝國甚至有人利用火箭飛行，只是維持的時間很短暫。據說，拉加里·哈桑·切萊比（Lagâri Hasan Çelebi）緊抓著一具以火藥提供動力的「七翼」火箭，從托普卡匹皇宮（Topkapi Palace）飛到了博斯普魯斯海峽（Bosphorus）。他在飛行途中跳開，掉進海裡並游上岸，隨後蘇丹就贈送黃金，以獎勵他的英勇之舉。

　　瑞德里審視了一個又一個例子，包括蒸氣機、渦輪、疫苗、抗生素、沖水馬桶、電燈泡、電腦等，並在每個實例中破解了孤獨天才理論。如果你問美國人誰發明了電燈泡，他們會回答湯瑪斯·愛迪生（Thomas Edison），而英國人可能會說是約瑟夫·斯旺（Joseph Swan）。其實，瑞德里指出至少有二十一位來自不同國家的人堪稱電燈泡發明者。愛迪生確實值得讚許，畢竟他辛苦開發出能夠實際販售的產品。然而，電燈泡的

發明並非出自某個天才，而是透過演化；當然，這不是遺傳，而是智慧的傳承。它是艱辛地一步接著一步，逐漸臻於完美，而且這樣的演化肯定不會停止。從愛迪生的時代開始，它就不斷改善，現在我們則是有了在各方面都更為優良的LED燈泡。技術會循序漸進地演化；其中演化速度最快的，或許就是數位電腦，比方說今年的型號才剛成為主流，明年可能又要推出更棒（也更便宜）的版本了。

是誰發明了飛機？萊特兄弟。嗯，沒錯，或許他們是最早藉由動力推進將駕駛員送上天空的人。不過，滑翔機已經發展很久了。萊特兄弟相當了解滑翔機，也利用滑翔機做了很久的實驗。他們等於是長期修改一架滑翔機，再加上螺旋槳和內燃機，最後成功升空飛行。然而，這句簡短的話背後，可是隱藏著大量專業與耐心的改造工作。他們製作了一座風洞，想必這對改善細節有極大的幫助。1903年12月17日，奧維爾·萊特（Orville Wright）完成了史上第一次飛行，時間只持續了十二秒，行進距離只有三十七公尺，時速為六·八英里（約十一公里）。

我並不是要奪走萊特兄弟的榮譽；這可是非常偉大的成就（而且當時有不少勢利眼的懷疑論者都很藐視他們，不相信他們真的做到了）。只是這不符合孤獨天才

理論。飛機是逐漸演化的，從滑翔機的根源持續進步至早期的雙翼飛機，再到今日線條流暢、速度迅捷、外型優美的大型客機。

　　我說過，突變的隼和椋鳥的生存機率較高，是因為牠們更善於飛行。但這也表示，改進必須等到適當的突變剛好發生，有點像是在等待對的「孤獨天才」出現。但演化並不是這樣運作的，正如人類的創新通常也不必仰賴孤獨天才。在演化中，突變確實是新「構想」的終極來源。不過，有性繁殖會將這些「構想」重新排列，再搭配其他基因，打造出許多不同的新組合，再交由天擇決定。基因就像工程師的構想，會不斷地重新洗牌並重組，然後投入測試。這不是只有等待恰好的突變（或孤獨天才）出現那麼簡單。

萊特兄弟

史上第一次動力飛行。注
意圖中的「翹曲機翼」,
萊特兄弟就是利用這種巧
妙的方式,來控制飛行表
面。雖然現代飛機已經不
採用了,但鳥類在某種程
度上仍會使用。

Chapter 14

不完整的翅膀有什麼用？

What Is the Use of Half A Wing?

森林飛龍

脊椎動物的骨骼能夠以許多方式讓滑翔表面變得硬挺。
「飛蜥」會展開皮膜內的肋骨。這一隻飛蜥正要漂亮地
降落在遠處一棵樹的底部。

Chapter *14*

不完整的翅膀有什麼用？

　　某些人仍然不相信演化，即使有堆積如山的證據擺在眼前也一樣。他們想要相信，鳥類和蝙蝠的翅膀有如機翼，是刻意創造出來的，是由某種超自然的工程大師所設計。這種人稱為創造論者。你不會在有一定水準的大學裡見到他們。不過，在教育程度較低的圈子裡倒是有很多。

　　創造論者最愛的其中一項爭論點，正是我在前一章所提到的重點：演化必須緩慢逐步地進行，修改現有的一切，而非直接打造出問題的最佳解法。以翅膀為例，本章的標題就是創造論者很喜歡提的問題：「不完整的翅膀有什麼用？」他們會說，沒錯，發展完全的翅膀當然很棒。可是，有翅膀的動物總得從無翅膀的動物演化而來，所以介於這中間的階段 —— 十分之一、四分之

一、二分之一、四分之三的翅膀──不就毫無用處了嗎？只有半張翅膀的祖先會摔到地面，就算沒摔死，至少看起來也很蠢吧？在演化裡，發展出完整翅膀的所有步驟，必定會優於前一個步驟。進步得是一道緩坡，過程中長出部分翅膀的動物，都必須存活下來，而且牠們一定要比翅膀部位較小的競爭對手更能存活。創造論者認為，處於中間階段的動物當然會失敗，進步當然不是什麼緩坡。「不完整的翅膀有什麼用？」

　　科學家該怎麼回應這種質疑？方式其實簡單到令人覺得幼稚。回顧一下先前討論跳傘與滑翔的章節，想想飛鼠和澳洲的袋鼯，還有鼯猴會伸長尾巴並展開四肢間如降落傘般的皮膜。

　　世界各地的森林裡，存在著更多這種漂亮的滑翔動物，尤其是東南亞。飛蜥或飛「龍」（其拉丁文名稱‘Draco’的意思就是龍）擁有類似飛鼠的蹼狀皮膚。然而，這種皮膚並非由四肢展開。牠們的肋骨會往側面伸出，支撐住兩側細薄的翼膜；你還記不記得，演化是要盡量利用現有的材料，而非完全從零開始？森林裡同樣也住著「飛」蛇。牠們在肋骨之間沒有明顯的翅膀（而且牠們也跟其他蛇一樣沒有四肢）。可是，牠們的肋骨會向外推出，使身體變得平坦，再加上一些有如機翼的弧度，這會提供等同於降落傘的效果，或許還利用了

飛蛙

「飛蛙」會張開手指與腳趾，
讓蹼接觸到空氣。

伯努利原理。牠們可以從一棵樹滑翔到三十公尺外的另
一棵樹上。同樣地，牠們只能一路緩慢下降，但一切都
在控制之中。牠們會跟地面上的蛇一樣波浪般擺動，看
起來彷彿是在空中或水裡游泳。此外，森林裡還有滑翔
蛙。牠們的皮膜不是藉由四肢或肋骨展開，而是位於四
條腿的趾間。這些滑翔者都無法像鳥或蝙蝠那樣正常飛
行，牠們的飛行表面不是完整演化的翅膀，比較像是降
落傘，能夠延緩掉落的時間。這是怎麼演化來的？

這些使用降落傘的動物生活於森林高處的樹冠層，

此處的枝葉會照射到太陽，餵養整個森林群落。在那種高空草原裡碎步快跑的松鼠，偶爾會於樹枝間跳躍。松鼠的尾巴用途多多。牠們會輕彈尾巴，來向其他松鼠打信號；尾巴也可以讓牠們在樹林中奔跑跳動時保持平衡。就我所知，牠們甚至還會在下雨時把尾巴當成雨傘。尾巴也是沙漠松鼠的遮陽傘。當然，正如我們在第六章提到，尾巴毛茸茸的表面還可以捕捉空氣，幫助牠們跳得更遠一點。

為什麼這很重要？如果松鼠跳起時碰不到下一根樹枝，可能就會摔落並受重傷。假設一隻松鼠在沒有尾巴的情況下能夠跳出一定的距離。不管這段距離為何，擁有稍微蓬鬆的尾巴，肯定能讓牠跳得更遠一些。「一些」是多少？就算只是幾公分，也足以讓尾巴蓬鬆一點的松鼠獲得少許優勢。接著，樹冠層裡還會有一隻尾巴更蓬鬆的松鼠，可以跳到更遠一點的樹枝上，以此類推。森林的樹枝之間有各種距離，因此，無論一隻松鼠能利用現有的尾巴跳多遠，樹林中永遠都會有尾巴更長或更蓬鬆的松鼠才能跳過的距離。在下個世代，尾巴略微改良的個體可能比較不易摔落，也較容易生存，並將改良尾巴的基因遺傳下去。

看過第六章的你，已經知道接下來會怎麼發展了。重點在於，擁有毛茸茸的尾巴並不是一種全有或全無的

特徵。無論是什麼大小或蓬鬆程度，總會有一段距離是剛好跳不過的，而松鼠的尾巴必須稍微再大一點或更蓬鬆一些，才能讓松鼠跳過樹枝間的這段距離。因此，我們會看到一道逐漸改進的緩坡。這正是我們引以為據的演化論點。

毛茸茸的尾巴跟翅膀不一樣，這甚至不是飛鼠或鼯猴的那種降落傘。不過，你很清楚後續發展。任何一隻松鼠的腋下，可能都有略微鬆弛的皮膚。這種鬆弛皮膚可以在不增加太多體重的情況下，讓松鼠的表面積加大一些。這片皮膚的作用就像蓬鬆尾巴，能夠稍微延長松鼠跳躍而不摔落的距離，而且更有效率。森林裡的枝葉之間，有各種或長或短的距離。不管一隻松鼠能跳多遠，樹冠層之中總是會有更長一點的距離，只有另一隻鬆垮皮膚面積稍大的松鼠才跳得過。這又是一道改進緩坡的起點。這也是我們引以為據的演化論點。

緩坡的終點，就是具有完整翼膜的飛鼠、袋鼯或鼯猴。緩坡的「終點」？為什麼要停在這裡？飛鼠和鼯猴在傘降時會移動肢體以操控滑翔。為何不再往前踏出一小步，反覆且有力地揮舞手臂，直到最後變成拍動？首先，拍動只能稍微延長向下的滑翔。不過，你應該很容易看得出要如何

263

蝙蝠是這樣開始的嗎？
鼯猴擁有蹼指。不過，
牠的蹼只是大片翼膜裡
的一小部分。如果想把
鼯猴變成蝙蝠，只要把
手指加長就行了。

把停留在空中的時間無限延長吧？慢慢來，循序漸進。
蝙蝠會不會就是這樣開始的呢？

　　事實上，我們無法根據化石來判定蝙蝠最早是如何
飛到空中的，但不難想像那也是一道平緩的坡度。鼯
猴的翼膜，主要是從肢骨和尾巴之間延展開來。但牠們
短短的手指之間也有翼膜。蹼足在水鳥和水生哺乳動物
的身上很常見，例如鴨子和水獺。某些人的指間甚至生
來就有蹼。此現象的主因要從胚胎學探討，是一種細胞
凋亡（apoptosis）的情況，也稱為「計畫性細胞死亡」
（programmed cell death）。胚胎（包含人類胚胎）在發
展時，手指都是蹼狀，然後才像雕刻一樣切割開來，細

胞會在縝密的計畫下死去。計畫性細胞死亡，是雕塑胚胎的方式之一。哺乳動物在母體子宮裡都有蹼指，蹼的細胞後來就會逐漸死去，除了水獺以及其他需要使用蹼游泳的水生動物，再加上……蝙蝠，牠們需要它是為了飛行。還有像我剛才提過的少數人類，這是因為他們的細胞凋亡執行得不夠完整。

　　鼯猴的手指很短。你應該很容易想像鼯猴祖先的蹼指隨著演化逐漸變長，最後成為蝙蝠。鼯猴是家族中的獨行俠，跟其他哺乳動物的關係都不親近。除了靈長類，現存與牠們最接近的親戚就是蝙蝠。就算牠們跟蝙蝠沒有親緣關係，我所提出的論點仍然站得住腳。對蝙蝠的祖先來說，要演化出翼膜，再演化出翅膀，這一點也不難；只要抑制細胞凋亡，再對應地拉長指骨。而要

雕出手指
我們在母親子宮裡都
有蹼指，而某些人還
保留著一部分。

重現用於推動改進的選擇壓力，也太容易了：一公分接著一公分逐漸增加跳躍的距離，同時也一公分接著一公分拉長蹼指，使其對飛行表面形狀的控制愈來愈靈敏。然後，再藉由拍動來改善控制與增加距離，直到達成真正的飛行。

在這裡，我必須提一下關於脊椎動物怎麼踏上飛行之路的問題，科學家分成兩個對立的學派。一派是「樹木向下論」，另一派是「地面向上論」。目前我只提過「樹木向下」論，我得承認自己偏好這個理論。不過，這兩個理論可能都找得到符合的飛行動物。舉例來說，蝙蝠也許是根據「樹木向下論」演化的，而鳥類則適用「地面向上論」。那麼，我們現在就來談談「地面向上論」，這確實也是解釋鳥類飛行起源的主流理論。

鳥類是從已經長滿羽毛並以後腿奔跑的爬行動物演化而成。牠們的祖先是恐龍，而且跟知名又可怕的暴龍有親緣關係。牠們雙腿跑動的速度可以很快，我們從今日的鴕鳥就看得出來；牠們用後腿快速奔跑時，並不會直接使用前肢，這一點跟飛奔的哺乳動物不一樣。不過，前肢或許能以其他方式提供協助。運動員跑步時會奮力擺動手臂。鴕鳥是跑得最快的陸上動物之一，

266

牠們會利用「手臂」保持平衡（或者你可以稱其為粗短的翅膀，因為那看起來仍然像翅膀，是從會飛行的祖先遺傳而來），特別是在轉向的時候。

也許，用後腿快跑的爬行動物，會在跑步時偶爾加入跳躍動作，讓自己跑得比較有效率，類似水裡的飛魚。原本為了隔熱而演化出來的羽毛，就能如先前提過的松鼠蓬鬆尾巴那樣幫助跳躍。尤其是尾巴和手臂上的羽毛，它們拉長跳躍距離的方式，就跟發展中的翼膜相同。為了維持平衡而張開的雙臂，在此時格外有用，大概因此發展成初步的翅膀，雖然還無法真正飛行，卻能拉長跳躍距離。接下來的論點就跟樹枝提供了各種距離的說法差不多。一隻手臂沒有羽毛的爬行動物，無論能跳多遠，只要張開雙臂就可以跳得更遠一些。孔雀（我們先前提過）和雉雞都不擅長飛行。牠們通常一起飛沒多久就降落了；孔雀的飛行幾乎只是將跳躍距離拉長，這能幫助牠們遠離危險，就像飛魚在逃離追逐的鮪魚時會暫時飛到空中。隨著世代交替，我們就會看見一道緩坡，也就是，由於羽毛手臂的表面積不斷增長，為了逃跑而跳躍的距離也會愈來愈長，最後達到了無限距離的真正飛行。

讓我們將焦點從獵物轉向掠食者，來看看「猛撲的掠食者」理論。此理論的概念是，有一種長著羽毛的

恐龍善於突襲獵物。牠會潛伏在某個適當位置（例如一處陡峭的河岸），等待獵物經過，時機一到就會猛撲過去。掠食者長出羽毛的手臂和尾巴，能讓牠在空中維持一小段時間，這表示可以從更遠的距離發動攻擊。牠們發展的緩坡大概就跟飛鼠相同，不過這種緩坡逐漸增加的是猛撲的距離。

此外，「地面向上論」還有另一種可能的版本。昆蟲比任何脊椎動物都更早發現飛行，而大量飛行的昆蟲對於正在演化的脊椎動物來說，就是豐富的食物來源。說不定那些能夠迅速奔跑的爬行動物，會跳到空中捕捉昆蟲。牠們可能會張嘴對昆蟲猛咬，就跟今日的狗一樣。或者牠們也可能像貓一樣將手臂伸得很高。一般的寵物貓最高可以跳到兩公尺，還能伸出爪子抓到飛行的鳥及昆蟲。如豹之類的大貓也辦得到，而且抓到的鳥更大隻。爬行動物的祖先以前是否也會這樣撲抓飛行的昆蟲？未發展完全又不會飛的「翅膀」能有幫助嗎？

我們先來看看著名的始祖鳥化石。從許多方面來說，它介於鳥類以及我們一般認為的爬蟲類之間。它的翅膀很像現代鳥類，可是又有突出的手指。跟現代鳥類不同的是，它的牙齒就像爬蟲類。嗯，雖然我說它跟現代鳥類不同，不過……在《母雞的牙齒和馬的腳趾》（*Hen's Teeth and Horse's Toes*）這本關於自然史

的傑作中，已故作者史蒂芬・傑・古爾德（Stephen Jay Gould）描述了實驗胚胎學家如何以巧妙的方式，成功地讓雞胚胎發展出牙齒。他們在實驗室中重新發現了一項雞的祖先已經失傳數百萬年的能力。

始祖鳥的尾巴就像爬蟲類那樣又長又有骨頭，跟翅膀一樣都是重要的飛行表面與安定面。

有人認為，始祖鳥的祖先發現羽毛在捕捉昆蟲時很實用（原本演化出來是為了隔熱）。手臂上的羽毛生長得愈來愈大，變成一種可以掃向飛行昆蟲的捕蟲網。結果，事實證明捕蟲網還有另一個好處：作為簡陋的飛行表面。這還不算真正的飛行，但羽毛手臂確實能幫助跳躍的爬行動物捕撈到飛得更高的昆蟲。飛行表面需要很大的面積，捕蟲網也是。爬行動物跳到空中抓昆蟲時，「捕蟲網」就像粗糙的翅膀，能夠延長跳躍的長度與高度。掃撈昆蟲的動作看起來有點像在拍動翅膀，而這也能提供額外的升力。漸漸地，手臂失去了「捕蟲網」的

這是鳥？還是爬行動物？誰在乎？（見下一頁）▶
始祖鳥有點類似鳥類的爬蟲類祖先，因此介於兩者之間。牠有牙齒、突出的手指，以及一條用於維持穩定的長尾巴。

作用，被翅膀的功能取代。根據此理論，鳥類就是這樣演化出真正的拍翅飛行。我必須說，我認為「捕蟲網理論」和其他的「地面向上論」，都不比「樹木向下論」來得有說服力，不過為了完整，我還是說明一下，畢竟有些生物學家偏好這些理論。

然而，「地面向上論」還有另一個版本：「上坡」理論。舉個例子，地棲動物（ground-dwelling animals）經常為了逃離掠食者而跑到樹上。我們第一個想到的應該是松鼠，但還有許多動物也會這麼做，只是沒那麼熟練。並非所有樹幹都是直立的，有些倒下死亡的樹木或是斷掉的大型樹枝就會產生坡度。沒錯，從水平到垂直，各種角度都有。現在，想像你試著跑上一個四十五度角的斜坡，並且可以揮動羽毛手臂協助爬行。雖然它們不算翅膀，也尚未發展到足以在空中滑翔，不過，當你在傾斜的樹幹上拍動它們時，仍能稍微增加一點拉升力及穩定性，發揮重大的影響。從字面上和比喻上來說，這又是一道改進的坡度。此外，原始的翅膀發展到能夠適應四十五度斜坡之後，自然也會為了應付五十度的斜坡而逐漸改進，以此類推。這聽起來有點像是猜測，不過有人對澳洲刷毛火雞（Australian brush turkey）做了些巧妙的實驗。

→ 順帶一提，這些鳥類並非真正的火雞。牠們被稱為火雞，是因為在澳洲只有牠們看起來最像美國火雞。牠們其實是「塚雞」（mega-pode），而這種鳥類演化出了一種令人稱奇的孵蛋方法。牠們不坐著孵蛋，而是弄出一大團堆肥，再把蛋埋進去。腐爛堆肥中的細菌會產生熱，正好可以用來孵蛋。照顧孵化中的蛋時，必須講究溫度。父母坐在蛋上面時的溫度最好，因為牠們能夠維持一定的體溫。所以，塚雞要怎麼維持堆肥的溫度？太熱的時候，牠們就把堆肥上方的植物材料搬走，太冷的時候則像蓋毯子一樣，把那些材料再蓋上去。牠們的鳥嘴已經演化成一種溫度計，插進堆肥就能測量溫度。

我實在忍不住要稍微離題聊一下塚雞的堆肥，我覺得太神奇了。然而，本書會提及牠們，主要是因為塚雞幼崽在孵化後，就極有能力也非常獨立。牠們必須這樣，畢竟父母不會留在旁邊照顧。厲害的是，牠們甚至在孵出的當天就會飛行。但飛行並不是牠們偏好用來逃離掠食者的方式，牠們會跑上樹幹。此外，牠們會一邊振翅，一邊往上爬，甚至能夠拍動翅膀讓自己爬上垂

直的樹幹。你應該很容易看得出來，那雙發展完全的翅膀能夠幫助今日的塚雞幼崽爬上垂直表面，而發展尚未完整的翅膀則能幫助其祖先爬上角度較平緩的斜坡。另外，翅膀只有在拍動時，才會發揮效用，就像今日的刷毛火雞幼崽拍動翅膀那樣。

同樣地，這也是一道逐漸上升改進的坡度（正好也是實際上的坡度）。而坡度就是我們在解釋「不完整的翅膀有什麼用？」時所依據的論點。

事實上，我們不難看出，飛行就是在許多方面循序漸進地演化而來，這跟創造論者的主張完全相反。我們從許多地方都能看出，發展不完整的翅膀肯定比沒有翅膀更好。

那麼，比脊椎動物早了數億年發現飛行的昆蟲呢？牠們怎麼會飛？現今的昆蟲大多擁有翅膀，不過，某些昆蟲雖然來自於有翅膀的祖先，後來卻失去了翅膀，例如跳蚤。這類昆蟲稱為「次生無翅」（secondarily wing-less）。我們已經知道，工蟻和白蟻不只源自於有翅膀的祖先，牠們的父母（蟻后與雄蟻）也都有翅膀。另外，也有些從遠古就不具翅膀的昆蟲，比方說蠹魚和跳蟲，牠們的祖先完全沒有翅膀。

如同所有節肢動物（昆蟲、甲殼類動物、蜈蚣、蜘蛛、蠍子等），昆蟲的體型呈現節狀。蜈蚣和千足蟲的

身體分節較為明顯。牠們的構造就像火車，有許多排成一列的車廂，每節車廂幾乎一樣，每一節也都有腿。至於龍蝦和昆蟲等節肢動物的身體，雖然也有分節，但情況比較複雜，不同的體節（車廂）分別演化成不同的樣貌。火車也是這樣，有時候許多車廂一模一樣，有時候除了輪子及連結器相同，其他幾乎毫無類似之處。脊椎動物也有分節；脊柱就是顯而易見的例子。但如果你仔細觀察，就會發現連我們的頭部都有分節，尤其在胚胎時期。

　　昆蟲的身軀是由前六個體節組成頭部，不過，由於擠壓得很緊密，所以看不出火車般的構造，就跟哺乳動物一樣。接下來的三個體節是胸部，剩下的體節則構成腹部。胸部的三個體節各有一對足，而在大部分的昆蟲身上，最後兩個胸節也會長出翅膀。蒼蠅（以及蚊和蜢等親戚）是特例，這一點我們之前已經談過：牠們只有一對翅膀，第二對翅膀則在演化中收縮變成有如「陀螺儀」的平衡棒。

　　昆蟲的翅膀與脊椎動物的翅膀不同，並非由肢體改造而成。我們已經知道，昆蟲翅膀是胸壁的延伸。牠們的六條腿仍然能夠自由行走。關於昆蟲翅膀的起源眾說紛紜。許多飛行昆蟲的幼年期都在水中生活，成年之後才會飛到空中。某些幼年期的若蟲（nymph）擁有能夠

在水中呼吸的鰓。這些若蟲的鰓不像魚鰓，而是有如羽毛的構造，比方說蝌蚪的鰓。還有一個理論主張，水生若蟲會發展出用於在水面快速移動的「帆」，後來就變成了翅膀。

目前的主流理論認為，昆蟲會露出延伸自胸部的小型突緣，當成「太陽能板」吸收陽光以使身體暖和，所以這是一種用來曬太陽的表面，而不是飛行表面。此理論的提出者，使用模型昆蟲來進行實驗，其中有些部分是在風洞進行。結果顯示，極小的胸部突緣，在空氣動力學方面的效果比不上吸收陽光的作用。較大的短翅，在空氣動力學的表現則會更好。當這種從胸部延展出來的平坦突出物，達到某個臨界尺寸，其作為飛行表面的功用就會超越太陽能板而成為主要優點。也就是說，假設突緣一開始的用途是吸收陽光，那麼昆蟲只需要長得更大就行了，這其實相當容易。隨著翅膀愈來愈大，昆蟲自然就會發現把它們當作飛行表面相當實用，這些構造後來就演化成完整的翅膀。

因此，根據這項理論，昆蟲翅膀演化坡度的起點是為了獲得太陽熱能。顯然這是一道平順的坡度：短翅的面積愈大，吸收的太陽光線就愈多。一旦超過臨界尺寸，這種突出物自然就會發揮效果，首先是滑翔，接著是拍動，而且使用的是已經存在於胸部的肌肉。第八章

提過，昆蟲的翅膀往往是由那些會使胸部變形的肌肉來拍動。此外，最好的太陽能板通常很薄，就像翅膀那樣。逐漸增大的體型，也會連帶促使胸部突緣超過臨界值，自然變成了有用的飛行表面。

　　不管你偏好眾多理論之中的哪一種，我們都能確定「不完整的翅膀有什麼用？」並不是問題。無論是昆蟲，還是翼龍、蝙蝠、鳥類，只要交給循序漸進的天擇演化就行了。

連翅膀都沒有

森林的飛蛇為我們親身示範，只要壓平身體來增加寬度，就能迂迴地在空中「游」到另一棵樹上。

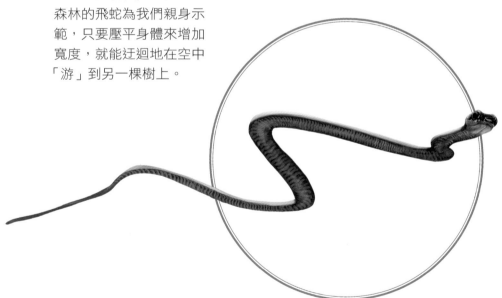

Chapter 15

向外的衝動：超越飛行

The Outward Urge: Beyond Flying

撰寫本書時的火星景象
未來有機會見到繁榮的人類殖民地嗎？要打電話回家可
不容易，因為你說的每一個字，都要經過三至二十二分
鐘才會抵達，取決於當時的相對軌道位置。

Chapter 15

向外的衝動：超越飛行

　　我在本書開頭問過，你是否曾跟我一樣夢想自己像隻鳥飛行。不過，在本書即將邁入尾聲之際，我好奇的是，你會不會夢想自己離開這顆星球，一路飛到火星？或是木星的其中一顆衛星？還是土星？在我年輕的時候，這種夢想只會出現於科幻小說。我很喜歡一部連環漫畫中，一個叫大膽阿丹（Dan Dare）的角色，他是一個未來飛行員（Pilot of the Future）。他和來自蘭開夏（Lancashire）的助手迪格比（Digby）會隨意跳上太空船，抓住操縱桿直接往木星的方向高速飛去。

　　今日，我們已經知道情況沒那麼簡單，要花好幾年才到得了那裡。這會是一個龐大的合作計畫，需要動用數百名工程師與科學家，他們必須提前計算軌道，並且規畫出複雜的時間表，以利用途中其他行星的重力彈

弓效應（gravitational slingshot），即使是前往火星也要好幾個月，但這真的有可能實現，無人太空船已經辦到了。伊隆‧馬斯克（Elon Musk）不只要把他的火箭送到火星，還想在那裡建立殖民地，而且他有一個很正當的理由。

還記得第十一章的討論嗎？解釋動物與植物為何想把一些後代送到遠處碰運氣謀生的數學理論？即使親代已經處於最佳地點了？你應該記得，其中最基本的原因是火災、洪水、地震等災難，遲早會襲擊你的所在地，所以就算是世界上的最佳地點，也會反過來變得不再適合生存。

現在地球當然是最適合人類生存的場所，火星的環境則很差。可是，地球會不會在某天遭遇災難，導致人類必須到別處拓荒殖民才能夠存活？哪種災難？有很多可能，包括氣候變遷的長期影響、致命的流行病，以及各種失控的高科技戰爭，例如生化戰。不過，我要提出另一個最具代表的可能性。無可否認，這在短期之內最不可能發生，不過由於大多數人都不會想到，所以我還是要加以探討。此外，雖然這種事不太會在短期內出現，但終究還是會碰上的，而且要是那一刻真的到來，結果一定比你最深沉的惡夢還要可怕。如果想要避免，唯一的辦法就是推動我們的飛行技術，超越本書提過的

所有內容，達到更高的境界。

　　你很清楚恐龍的遭遇。牠們的族類統治了地球長達一億七千五百萬年。對恐龍而言，地球在各方面都是很完美的星球，直到……某個晴朗的藍天，在毫無預警之下，一顆山峰大小的岩石以四萬英里（約六萬四千公里）的時速，直接撞進了現今墨西哥的猶加敦（Yucatan）半島。當地的恐龍立刻被超過攝氏兩千度的高溫蒸發掉了，不過，這還只是開始。由於衝擊力道相當於數十億顆廣島原子彈同時在該處爆炸，海水因而沸騰，還有一道高達一英里（約一・六公里）的海嘯席捲了全世界。

　　然而，到最後殺死殘存恐龍的，很可能並不是爆炸的高溫、森林大火或海嘯。這場驚天動地的撞擊掀起了濃密的灰燼、塵土並形成硫酸雨，導致全世界陷入好幾年的陰暗與冰冷。猶加敦的恐龍還算幸運，牠們馬上就被消滅了，其他地方的恐龍則是拖延了注定死亡的命運——植物吸收不到陽光而枯亡，仰賴植物的牠們只能活活餓死。哺乳動物大概是藉由在地底冬眠才僥倖存活。最後，哺乳動物才冒出地面，擺動觸鬚，眨著眼睛，在逐漸恢復的陽光下感到困惑。於是，哺乳動物現在才會在這裡，成為那些少數倖存者的後代，演化成老鼠、犀牛、大象、袋鼠、羚羊、鯨魚、蝙蝠以及人類。

我們非常幸運，但下一次可能就沒這麼好運了。

因為，這種情況還會再度發生。地球經常受到較小的流星撞擊，而我們遲早也會遇上另一個巨大流星，就像六千五百萬年前的那顆恐龍殺手，說不定更大。但也不必為此擔心到夜不成眠，雖然這或許會在我們有生之年發生，甚至下個星期，可是機率並不高：六千五百萬年是一段很長的時間，地球也可能過了那麼久都不會遭到嚴重撞擊。然而，有些人（包括悲觀時的我）認為，人類也該開始為這種可能性做準備了。沒有其他生物會幫忙，我們的星球就只能靠我們保護。

其中一種作法是發展技術。有些以橢圓軌跡環繞太陽的星體，可能會跟地球近乎圓形的軌道交錯，所以要能偵測、攔截它們並使其偏斜轉向。我們就快知道該怎麼做了。讓羅賽塔號（Rosetta）太空船成功降落在彗星上，就是我們的一大進展。下一步則是要輕輕推開那顆造成威脅的小行星或彗星，稍微改變其繞行太陽的軌道。只要它加快一點，或者放慢一些，就不會與地球的軌道相交。無論加速或減速，需要改變的幅度其實都小得驚人。不過，我們必須對那種山峰般的流星施加一股非常強大的力量，才能夠影響其運行，避免它危害我們的生存。

然而，不管威脅地球的是彗星或無法阻擋的瘟疫，

我們最好還是能參考第十一章的內容，到另一顆星球建立人類的殖民地，例如火星。當然，巨大的小行星也有可能撞上火星。但這兩個星球不可能被同一顆行星擊中，或是發生同樣的瘟疫，想必你也聽過「別把雞蛋放在同一個籃子裡」這句諺語。

在火星建立殖民地肯定相當困難，因為那裡的氧氣少到不值得一提，液態水也不多，這無法拯救大多數的人類，卻可以拯救我們的物種。至少能夠留下一段回憶，用一個資料庫記錄我們所有的成就，包括音樂、藝術、建築、文學、科學。而且，我們最後也有可能再次殖民地球，重新開始。無論如何，這就是我們想要前往火星的其中一個理由。

第十一章提過，動植物都有向外發展的衝動，會將後代送到未知的荒野，遠離目前的舒適圈，這是否令你聯想到人類歷史上的什麼？冒險精神？不顧一切的探索拓荒？你是否想到這股衝動驅使了偉大的探險家，例如往西航行至美洲卻不知道自己到了哪裡的哥倫布？或是率領遠征隊繞行世界一週的麥哲倫（不過他在回到家鄉之前就遭到殺害了）？後來，有人為了逃離迫害而跟隨其腳步，變成了殖民地開拓者，但他們並不知道眼前有什麼危險正在等著（至少以美洲的情況是如此）。

更早之前，由紅髮艾瑞克（Eric the Red）帶領的維

京人，也是受到這種向外的衝動影響，於是往西航向未知，在格陵蘭建立了家園。艾瑞克的兒子萊夫‧艾瑞克森走得更遠，比哥倫布早了五百年抵達北美洲。雖然沒人知道今日美洲原住民的祖先是何時從亞洲跨越了結冰的白令海峽，但誰能夠確信地說，他們不是被同樣的冒險精神所驅使呢？紅髮艾瑞克向西冒險而建立的維京王朝，或許給了約翰‧溫德姆（John Wyndham）靈感，讓這位科幻小說作家寫出了《向外的衝動》（*The Outward Urge*），本章的標題就是從此處借用而來。書中的英雄們來自同一個家族，歷經七個世代，他們繼承了探索未知的衝動，因此深入太空。

最後這幾段文字是我在蘇黎世的飯店房間裡寫下的。此時，我正在參與一場鼓舞人心的大會：斯塔爾慕斯（STARMUS），這是一場由科學家、搖滾樂手和太空人組成的聚會，用以紀念人類第一次登上月球的五十週年。其中許多太空人都退役自美國阿波羅計畫，有一些還曾在月球上漫步過。他們在會議上輪流起身，生動地講述進入太空、踏上月球、失重飄浮、在外頭的漆黑

天空中望著地球，以及這些經歷如何改變了自己。這些人原本都是戰鬥機試飛員。一般來說，戰鬥機飛行員並非天生的詩人，不太容易情緒激動，所以這讓他們的言詞聽起來格外感人。我認為，他們繼承了過去那些偉大航海探險家的精神，包括艾瑞克森、麥哲倫、法蘭西斯·德瑞克（Francis Drake）、哥倫布等。如果說得更

他們到底是怎麼發現復活節島的？
玻里尼西亞島那些航行者的冒險精神是否流傳了下來，讓我們擁有「向外的衝動」去殖民火星，甚至還能在遙遠的未來抵達其他星系？

深刻一點，這也包含了當初的玻里尼西亞人，他們在浩瀚的太平洋上駕著獨木舟開拓了一座又一座島嶼，甚至深入到極其偏遠的復活節島（Easter Island），這段行程對我們而言大概就像前往月球吧。

而且，由於我是演化生物學家，不禁也會想起更遙遠的過去。上千個世紀前，我們的祖先走出非洲，開拓了亞洲、歐洲、澳洲，還越過了白令海峽，名符其實成為最早的美洲人。他們也有這股向外的衝動嗎？或者他們只是到處漫遊，一代接著一代，從未想過自己是歷史大遷徙的一部分？

或者再把時間倒回數百萬個世紀之前，同樣也是向外的衝動驅使第一批魚群到陸地上探險嗎？是不是一隻特別愛冒險又大膽的葉鰭魚（lobefin）？或者只是偶發事件？還有第一隻飛到空中的爬行動物呢？第一次有長著羽毛的恐龍想要跳得很高，因而成了鳥類大家族的起源；一隻技巧高超、勇往直前又特立獨行的個體？或者只是純粹湊巧？我真的很想知道。

回到蘇黎世的會議。另外一半的與會者是科學家，包括幾位諾貝爾獎得主，而就智識的領域來看，他們相當於第一批嘗試踏入無重力未知世界的太空人。從地心引力解放的旅程，始於昆蟲、鳥類、蝙蝠、翼龍，再

由我們的氣球駕駛員和飛行員接續，然後達到「最高
點」——其字面意義是指太空人的失重狀態，象徵意義
則代表科學家實現了天馬行空的幻想。

從我的枕上向前望
在月亮或喜愛的星光下，我看見
教堂門廳矗立雕像
牛頓拿著稜鏡面容沉默，
那塊大理石象徵著一個人的心智
永遠孤獨地航行於奇異的思想之海。

——威廉・華茲華斯（William Wordsworth）
《序曲》（*The Prelude*），1799 年

這首華茲華斯描寫牛頓的詩，或許更適合用來
形容史蒂芬・霍金（Stephen Hawking），
因為他面對著無法動彈的殘酷人
生，航行於奇異的思想之
海，孤獨地留在永遠沉默
的面容之後。蘇黎世的這
場大會，將史蒂芬・霍金
科學傳播獎頒給了一位有

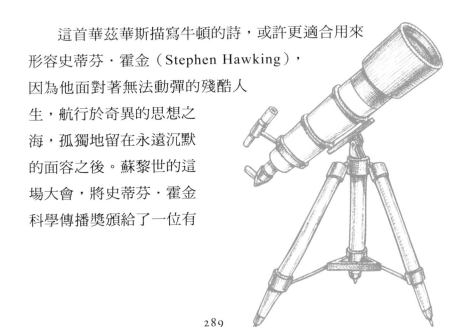

遠見的工程師兼「向外的衝動」宣導者，我認為實至名歸，也因此將本書題獻給他。

我覺得科學本身彷彿史詩般的飛行，而目的地是未知，它可以是實際遷移到另一個世界，也可以是一種思想的飛行，在奇妙的數學空間裡抽象地翱翔。或許它是透過望遠鏡，往上跳向愈退愈遠的星系；或者透過發亮的顯微鏡筒，往下深潛至活細胞的引擎室；或是讓粒子在大型強子對撞機（Large Hadron Collider）的巨大圓形管道中高速行進。它也可能是飛越時間，要不就是跟急遽擴張的宇宙一起前進，要不就是藉由岩石回到太陽系誕生之前，直至時間的起源。

正如飛行是逃離地心引力進入三度空間，科學也像是逃離世俗的常態，透過想像盤旋上升到最高點。

來吧，我們一起張開翅膀，看看會飛到哪裡。

理查・道金斯（Richard Dawkins）

理查・道金斯是牛津大學首位「查爾斯・西蒙尼（Charles Simonyi）科普教授」。他的作品銷售數百萬冊，並以超過四十種語言發行，包括《自私的基因》（*The Selfish Gene*）、《盲眼鐘錶匠》（*The Blind Watchmaker*）、《上帝的錯覺》（*The God Delusion*）、《真實世界的神奇魔力》（*The Magic of Reality*）以及其他一系列暢銷書。2017年，英國皇家學會（Royal Society）為了慶祝其科學圖書獎（Science Book Prize）三十週年，調查了「史上最激勵人心的科學書籍」，而《自私的基因》名列第一。理查・道金斯在科學和文學領域擁有榮譽博士學位，也是皇家學會與皇家文學學會（Royal Society of Literature）的會員。他參與過英國廣播公司及第四頻道（Channel 4）的科學紀錄片，也獲選於1991年主持由英國廣播公司轉播的英國皇家科學院聖誕講座（Royal Institution Christmas Lectures for Children）。2013年，《前景雜誌》（*Prospect Magazine*）舉辦了票選活動，來自超過一百個國家的一萬名讀者將他選為「全世界最重要的思想家」。

賈娜‧倫佐娃（Jana Lenzová）

　　賈娜‧倫佐娃生長於斯洛伐克的首都布拉提斯拉瓦（Bratislava），是一位插畫家、譯者兼同步口譯員。她的兩大熱情是語言和繪畫。前者促成了後者。她將道金斯的《上帝的錯覺》一書翻譯成斯洛伐克文後，便開始替道金斯的著作繪製插圖。賈娜曾為數本書籍畫過封面，作品也見於許多部落格，包括報導2014年冬季奧運的加拿大廣播公司（CBC/Radio-Canada）部落格。

誌謝

　　感謝安東尼・奇塔姆（Anthony Cheetham）、喬治娜・布萊克威爾（Georgina Blackwell）、傑西・普萊斯（Jessie Price）、克萊門斯・傑奎內（Clémence Jacquinet）、史蒂文和大衛・巴爾布斯（Steven and David Balbus）、安德魯・帕特里克（Andrew Pattrick）、大衛・諾曼（David Norman）、麥可（Michael）、莎拉和凱特・凱特韋爾（Sarah and Kate Kettlewell）、格雷格・斯蒂克利瑟（Greg Stikeleather）、勞倫斯・克勞斯（Lawrence Krauss）、倫納德・特拉米爾（Leonard Tramiel）、珍・塞夫克（Jane Sefc）、桑傑・肯寧頓（Sonjie Kennington）、亨利・班尼特－克拉克（Henry Bennet-Clark）、康妮・奧葛姆雷（Connie O'Gormley），以及已過世且非常令人想念的蘭德・拉塞爾（Rand Russel）。

圖片出處

黑白影像 © Shutterstock
提供者的詳細資訊如下。

索引

翼想天開：抵抗重力的飛行設計與大自然演化

作　　者──理查・道金斯（Richard Dawkins）　　發　行　人──蘇拾平
譯　　者──彭臨桂　　　　　　　　　　　　　　　總　編　輯──蘇拾平
特約編輯──洪禎璐　　　　　　　　　　　　　　　編　輯　部──王曉瑩、曾志傑
　　　　　　　　　　　　　　　　　　　　　　　　行銷企劃──黃羿潔
　　　　　　　　　　　　　　　　　　　　　　　　業　務　部──王綬晨、邱紹溢、劉文雅

出　　版──本事出版
發　　行──大雁出版基地
　　　　　　新北市新店區北新路三段 207-3 號 5 樓
　　　　　　電話：(02) 8913-1005
　　　　　　傳真：(02) 8913-1056
　　　　　　E-mail：andbooks@andbooks.com.tw
劃撥帳號──19983379　　戶名：大雁文化事業股份有限公司

封面設計──COPY
內頁排版──陳瑜安工作室
印　　刷──上晴彩色印刷製版有限公司
2024 年 06 月初版
定價699元

Flights of fancy: Defying gravity by design and evolution
copyright © Richard Dawkins, 2021
Illustration copyright © Jana Lenzová, 2021
This edition arranged with Head of Zeus.
through Andrew Nurnberg Associates International Limited.

國家圖書館出版品預行編目資料

翼想天開：抵抗重力的飛行設計與大自然演化
理查・道金斯（Richard Dawkins）／著　彭臨桂／譯
──.初版.── 新北市；本事出版：大雁文化發行，2024年06月
面　；　公分. –
譯自：Flights of fancy: Defying gravity by design and evolution
ISBN　978-626-7465-00-4（平裝）
1. CST：飛行　2. CST：航空力學
447.55　　　　　　　　　　　　　　113004005